깨!

경우의 수로
레이싱에서
이겨라

경우의 수로 레이싱에서 이겨라

글 서원호 · 안소영 | 그림 김영진

㈜자음과모음

차례

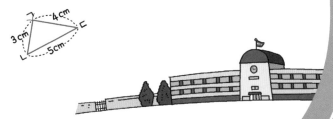

"청팀, 이겨라! 백팀 이겨라!"

맑고 푸른 가을 하늘 아래서 운동회가 펼쳐졌습니다. 아이들 응원 소리가 운동장을 울리고 모든 사람의 마음을 들썩이게 합니다. 드디어 운동회의 하이라이트인 이어달리기가 시작됩니다. 1학년의 종종 거리는 뜀박질부터 시작해서 경중경중 힘찬 6학년까지 엎치락뒤치락 긴장의 연속입니다. 자리에 앉아 응원하던 아이들은 어느새 트랙 가까이로 나아가 온 마음을 다해 소리치며 응원합니다.

이어달리기 선수로 뽑히려면 각 반 달리기 경주에서 1등을 해야 합니다. 이어달리기만큼 중요하고 긴장감 넘치는 반별 달리기도 운동회의 필수 경기지요. 특히 엄마, 아빠가 결승선에서 내 모습을 바라보며 응원하시기에 가슴도 콩닥콩닥 뜁니다.

탕!

출발 신호는 출발선에 서 있던 아이들의 정신을 혼비백산하게 만들고, 모두들 앞만 보고 뛰어갑니다. 3등까지는 들어야 도장을 받을 수 있겠지요.

"1등! 2등! 3등!"

순식간에 등수가 결정되고 3등까지는 자랑스럽게 손등에 도장을 쾅 받습니다. 이럴 때 4등은 정말 아깝지요. 그런데 늘 4등이 있기 마련입니다. 정말 아쉬운 4등은 내년 달리기 경주에서는 꼭 3등 안에 들겠다는 다짐을 하며 마음속으로 작은 소망을 품어 보기도 할 것입니다.

이럴 때는 게임처럼 발바닥에 부스터가 달렸으면 좋겠습니다. 부스터가 있으면 반별 달리기 경주에서 1등은 당연하고, 이어달리기 선수로도 뽑힐 수 있을 뿐만 아니라, 어디든 슝 하고 빠르게 갈

7

수 있을 것 같습니다. 그뿐인가요? 산책 삼아 지구도 한 바퀴 돌아볼 수 있고, 하늘 위로 날아 달나라에 소풍을 다녀올 수도 있고, 바다 위를 스케이트보드를 탄 것처럼 누비고 다닐 수 있을 것 같습니다. 상상만 해도 기분이 좋아지네요.

이번 이야기의 주인공인 마루는 레이싱 게임을 좋아하는 친구입니다. 마루는 친구들과 달리기 시합에서 진 뒤 울적한 마음을 달래기 위해 집에서 레이싱 게임을 합니다. 게임에는 마루가 애지중지하는 날쌘 자동차가 있고, 힘찬 부스터 기능이 있어 누구보다 빠르게 달려갈 수 있지요. 오늘은 어쩐지 우승할 것 같아서 잔뜩 집중하는데 갑자기 게임 속 세상으로부터 초대를 받습니다.

여러분이라면 어떻게 할 것인가요? 마루는 엔터키를 누르고 게임 속 세상으로 들어갑니다. 그곳에서 마루는 미래에서 온 미로,

경우의 누로 레이싱에서 이겨라

사막에서 만난 낙타 친구들, 씽씽랜드에서 만난 자동차 투니와 함께 레이싱 대회에 참여합니다. 그러나 무어카 군단의 방해 때문에 레이스는 그리 만만치 않습니다. 마루와 친구들은 레이싱 대회에서 우승할 수 있을까요?

　여러분도 마루와 함께 상상이 마음껏 펼쳐지는 게임 속 세상에서 부스터를 달고 신나게 달려 보면 어떨까요? 끝없이 펼쳐진 사막을 달리고, 바다를 누비고, 하늘을 날면서 함께 레이스에 참가해 볼까요? 마음의 준비가 되었다면 엔터키를 누르듯 책장을 넘겨 마루와 함께 게임을 시작해 봅시다!

서원호, 안소영

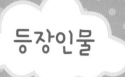

등장인물

마루

차를 타고 씽씽 달리는 레이싱 게임을 좋아하는 초등학생. 공부를 아주 잘하는 편은 아니지만 한 번 들은 내용을 잘 기억해 낸다.

루이

마루의 동생. 아직 저학년이지만 눈치가 빠르고 행동이 민첩하다. 오빠를 이기고 싶은 마음에 마루와 자주 티격태격한다.

미로

마루가 씽씽랜드에서 만난 또래 친구. 마루가 살고 있는
곳보다 훨씬 미래에서 왔다. 무슨 일이든 신중하게 판단하
고 행동한다.

모르니 박사

씽씽랜드에서 머물고 있는 모르는 게 없는 박사. 레이
싱 대회 참가자들에게 각 레이스마다 필요한 아이템과
다양한 정보를 제공한다.

무어카 군단

씽씽랜드 레이싱 대회 참가자들을 방해하는 세력. 여러
모습으로 변신해 참가자들 앞에 나타나서는 어려운 퀴
즈로 레이싱을 방해한다.

"와, 드디어 끝났다!"

"달리기하러 가자!"

수업이 끝나고 교실에서 나온 아이들로 복도가 시끌벅적했다.

현우가 실내화 주머니로 장난치며 뛰어가는 아이들을 헤집고 마루를 불렀다.

"마루야, 너도 같이 할 거지?"

"어? 으응……."

현우는 얼버무리는 마루의 손을 잡았다.

"빨리 가자!"

마루는 마지못해 현우를 따라갔다. 운동장에는 벌써 아이들이

나와 있었다.

현우가 큰 소리로 아이들을 불렀다.

"애들아, 얼른 모여 봐!"

요즘 마루네 반에서는 달리기 시합이 유행이다. 다음 주에 열릴 운동회 때문이다. 친구들은 누가 제일 빠르다느니, 누구랑 달려야 이긴다느니 하면서 온통 달리기 시합 이야기만 했다.

"흥, 달리기가 뭐가 좋다고."

마루는 시큰둥했다. 지금까지 운동회 달리기 시합에서 1, 2, 3등을 해서 손에 도장을 받아 본 적이 한 번도 없었다. 하지만 꼭 그런 이유만은 아니었다.

"달려 봤자 숨만 차지, 목마르지, 힘들지. 좋을 게 하나도 없는데 왜 그럴까."

마루는 신나게 떠들어 대는 친구들을 보며 혼자 중얼거렸다.

"다 모였으면 이제 팀을 짜 보자. 키 순서대로 여섯 명씩 세 팀으로 짜는 게 어때?"

현우의 말에 아이들이 움직이기 시작했다.

"그래, 좋아."

반에서 키가 가장 큰 지훈이가 말했다.

"야, 싫어! 맨날 키 순서로 하니까 내가 불리해."

지훈이도 마루처럼 여태까지 달리기 시합에서 3등 안에 든 적이 없었다.

태호가 지훈이 말을 거들었다.

"그래? 그러면 우리 그냥 엎어 뒤집어로 하자."

현우는 키 순서로 팀을 짰을 때 달리기 실력을 뽐낼 수 있어서 뾰로통하게 말했다.

"치, 태호 넌 달리기를 잘하니까 그렇지? 어느 팀이 되든 어차피

경우의 누로 레이닝에서 이겨라

1등은 따 놓은 거나 다름없으니까 말이야.”

　현우의 말에 친구들이 웅성웅성하며 의견이 분분했다.

　“그럼 팀을 어떻게 정할까?”

　마루는 어떻게 되든 질 게 뻔하다고 생각해서 빨리 마치고 집에 가고 싶었다.

　“시간 없어. 나 집에 가야 해. 그냥 엎어 뒤집어로 하자.”

　친구들이 둥그렇게 모였다.

　“엎어 뒤집어!”

　“져도 모른다!”

　몇 번의 시도 끝에 드디어 세 팀으로 나뉘었다.

　“어, 마루랑 태호!”

　역시 운이 없었다. 마루는 태호를 비롯해 몇몇 아이들과 팀이 되었는데, 여섯 명 중 네 명이나 달리기를 잘하는 아이들이었다.

　마루가 속한 팀이 가장 먼저 출발했다.

　“준비, 출발!”

　마루는 온 힘을 다해 달리면서 거칠게 숨을 내쉬었다.

　“헥헥…….”

　열심히 달렸지만 역시나 5등. 꼴찌를 면한 게 다행이었다. 다른 팀인 현우는 1등으로 들어왔다. 운 좋게도 비슷비슷한 실력의 아이들과 한 팀이 되었기 때문이다.

현우는 신이 나서 껑충껑충 뛰며 즐거워했다.

"와, 1등이다!"

마루도 두 번째 팀에서 뛰었다면 3등은 했을 것 같다는 생각이
들었다.

'에이, 뭐야. 공정하지 않은 게임이잖아.'

어차피 질 게 뻔한 게임이었지만 마루는 기분이 좋지 않았다.

'게임?'

마루는 집에 가서 게임이나 해야겠다고 생각했다. 게임이라면
지지 않을 자신이 있었다.

"다녀왔습니다."

"그래, 뭐 좀 먹을래?"

마루는 엄마의 물음에 대답도 하지 않고, 가방을 휙 벗어던지고는 방으로 들어갔다.

마루를 기다리던 루이가 방으로 쫓아 들어왔다. 루이는 마루가 컴퓨터로 게임을 하려는 것을 알아채고 옆에 앉았다.

레이싱게임을 켠 마루는 신나게 자동차를 몰며 도로 위를 내달렸다.

"야호, 그렇지!"

언덕 아래에 아이템이 기다리고 있었다. 마루는 언덕 중간에 놓인 장애물을 피해 오른쪽으로 살짝 돌았다. 그러고는 쏜살같이 내려와 아이템을 먹었다.

"그래, 바로 이 맛이지. 이런 속도라면 이번 판도 우승이야."

"오빠, 왼쪽!"

루이가 왼쪽에 나타난 장애물을 알려 주었다. 마루는 손에 힘을 주고 얼른 오른쪽으로 방향을 틀었다.

부르릉, 끼익!

마루의 차가 갑자기 말을 듣지 않았다.

"어, 왜 이러지?"

방향을 틀어 장애물을 피하려 해도 소용없었다.

"오빠, 돌덩이야!"

어쩔 수 없이 무시하고 달렸다가 돌덩이가 그대로 바퀴에 걸렸다. 이대로 속력을 올리다가는 바퀴에 걸린 돌 때문에 자동차가 언덕 아래로 굴러 떨어질 것만 같았다.

"어떡하지?"

초시계는 째깍째깍 흘러갔고 어느새 하늘이 점점 어두워졌다. 먹구름이 잔뜩 몰려오고 있었다. 금방이라도 빗방울 폭탄이 떨어질 것만 같았다.

"큰일이네. 이 언덕만 넘으면 되는데 말이야."

마루는 손에 땀을 쥐고 아이템 가방 속에 뭐가 들어 있는지 생각했다.

"쓸 만한 아이템이 뭐가 있더라? 아, 나무판자가 있었지. 이걸 이용하면 되겠다."

마루는 앞서 네 개의 언덕을 넘었고 이제 마지막 언덕을 눈앞에 두고 있었다. 이 언덕만 넘으면 우승이라는 생각에 마음이 초조해졌다.

마루가 신중하게 나무판자를 바퀴에 비스듬히 넣었다. 남은 시간이 째깍째깍 줄어들고 있어서 가슴이 쿵쾅쿵쾅 뛰었다.

나무판자를 바퀴와 돌 사이에 끼운 뒤 마루는 손끝에 온 신경을 집중했다. 자동차를 움직이려는 찰나에 갑자기 화면이 보이지 않

앴다.

"뭐야?"

루이가 화면에 고개를 들이밀며 말했다.

"뭐긴 뭐야, 이제 내 차례야!"

"야, 정말! 너 뭐야!"

마루는 루이에게 짜증을 내며 벌떡 일어났다.

"야, 이 멍청아! 조금만 더 가면 이번 판도 우승인데 너 때문에 망했어. 어쩔 거야!"

루이도 지지 않고 큰 소리로 말했다.

"그러게 나랑 같이 해야지. 오빠 혼자 하니까 그렇잖아!"

"저리 가, 나 아직 안 끝났어."

"아니야, 이제 내가 할 차례라고!"

둘은 서로 컴퓨터를 차지하려고 싸우느라 정신이 없었다. 그때 컴퓨터 화면이 밝게 빛나면서 처음 보는 창이 나타났다.

1 씽씽랜드에서 만난 교통수단

신나고 재미있고 흥미진진한
씽씽랜드로 초대합니다
생생한 모험을 즐겨보세요!

레이싱 대회에
〈참가를 원한다면 엔터키를 누르세요〉

마루와 루이는 깜짝 놀라 동시에 화면을 쳐다보았다.

"어?"

"오빠, 이게 뭐야?"

컴퓨터 화면이 하얗게 변하면서 검은 글씨들이 화면 가득 깜빡였다.

"씽씽랜드? 새로운 게임이 나왔나 봐."

"정말? 재밌겠다. 오빠, 이거 해 보자."

"잠깐만. 좀 이상한……."

뭔가 이상한 느낌이 든 마루가 주춤거리는 사이 루이가 그만 엔터키를 눌렀다.

"앗!"

"으악!"

순간 화면이 빙글빙글 돌더니 마루와 루이가 화면 속으로 빠져들어갔다.

잠시 후 마루가 눈살을 찌푸리며 눈을 떴다.

"여기가 어디지?"

밝은 빛 때문에 눈을 뜨기가 힘들었다. 루이도 실눈을 뜨며 일어났다.

"오빠, 너무 더워."

"앗, 뜨거워!"

정신이 든 마루가 발바닥이 뜨겁다는 걸 느끼고 껑충껑충 뛰었다.

루이는 땀을 닦으며 주위를 두리번거렸다.

"오빠, 여기가 어디야? 눈이 너무 따가워."

"글쎄, 나도 잘 모르겠네."

루이는 금세 울상을 짓더니 울음을 터뜨렸다.

"으앙, 무서워."

마루가 루이에게 핀잔을 주었다.

"그러게 왜 엔터키를 누르고 그래!"

루이가 훌쩍거리며 물었다.

"엔터키?"

마루가 발바닥을 주무르며 투덜거렸다.

"그래, 네가 엔터키를 눌러서 여기로 온 거야."

루이가 눈을 동그랗게 뜨고 물었다.

"그럼 우리 씽씽랜드에 온 거야?"

"응, 아무래도 게임 세상으로 들어온 것 같아."

주변에는 높고 낮은 모래언덕뿐 아무것도 없었다. 사방이 온통 사막인 곳에는 나무 한 그루조차 보이지 않았다. 하늘 한가운데서 해만 쨍쨍 타오르고 있었다.

"이제 어디로 가지?"

모래언덕이 사방을 가로막아서 어디로 가야 할지 막막했다.

루이가 무언가를 발견했는지 갑자기 소리쳤다.

"오빠, 저기 봐!"

루이가 가리키는 쪽을 보니 저 멀리 무언가가 보였다. 둘은 재빨리 일어나 그쪽으로 달려갔다.

가까이서 보니 표지판이었다. 그 앞에는 웬 남자아이가 서 있었다. 마루와 루이가 다가가자 표지판을 읽고 있던 아이가 고개를 돌렸다.

"안녕, 너희도 레이싱 대회에 참가하려고 왔구나?"

마루가 엉겁결에 대답했다.

"으응, 너도?"

"반가워, 난 미로라고 해."

"안녕, 나는 마루고, 얘는 내 동생 루이야."

미로가 초조한 얼굴로 두리번거리는 마루와 루이를 보며 물었다.

"여기가 처음이구나?"

"너는?"

1. 씽씽랜드에서 만난 교통수단

"나는 지난번에도 참가했는데 아쉽게 우승을 못해서 다시 도전하러 왔어."

미로의 말에 마루는 조금 안심이 되었다.

"아, 그렇구나."

"너희, 팀은 만들었니?"

"팀?"

"응, 레이싱 대회에서는 여섯 명이 한 팀이거든. 아직 팀이 없으면 나랑 같이 할래?"

미로의 갑작스러운 제안에 마루는 잠시 주춤했지만, 이곳을 잘 알고 있는 미로와 함께 가는 것이 여러모로 좋을 것 같았다.

"좋아, 그런데 아직 세 명이 모자란데?"

미로가 자신만만하게 말했다.

"응, 입구까지 가다 보면 마음에 드는 친구들을 만날 거야. 생각해 둔 친구들이 있어."

마루 뒤에 붙어 있던 루이가 고개를 빠끔히 내밀며 말했다.

"나도 한 팀인 거지?"

"당연하지!"

셋은 대회장으로 가기 위해 부지런히 발을 옮겼다. 사막이라서 발이 모래에 푹푹 빠지는 바람에 걷기가 힘들었다.

신이 나서 앞장서서 걷던 루이가 뒤를 돌아보며 말했다.

경우의 누로 레이싱에서 이겨라

"오빠, 너무 힘들어……."

"루이야, 나도 힘들어. 내 발바닥 좀 봐."

마루도 힘이 들긴 마찬가지였다. 뜨거운 모래 때문에 마루의 왼쪽 발바닥이 화상 입은 것처럼 붉어졌다.

미로가 둘을 격려했다.

"거의 다 왔어. 조금만 더 힘내자."

햇볕은 뜨겁게 내리쬐는데 어디에도 나무 그늘 하나 보이지 않았다.

마루가 털썩 주저앉으며 물었다.

"미로야, 아직 멀었어?"

미로는 주위를 두리번거렸다.

"글쎄, 이맘때쯤 ★교통수단이 나타났던 것 같은데……."

"뭐라고? 사막에 교통수단이?"

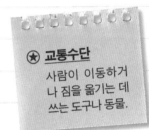

★ **교통수단**
사람이 이동하거나 짐을 옮기는 데 쓰는 도구나 동물.

마루가 깜짝 놀라며 쳐다보자 미로가 눈을 찡긋하고는 손으로 한쪽을 가리켰다.

"저기."

마루와 루이는 눈을 크게 뜨며 미로가 가리키는 쪽으로 목을 뺐다. 언덕 끝에서 무언가가 다가오고 있었다.

"드디어 나타났군."

홉족한 표정을 지으며 미로도 언덕 위에 털썩 앉았다. 멀리서 점처럼 보이던 물체가 점점 가까이 다가왔다.

"어, 낙타잖아?"

"자동차가 아닌데?"

낙타 세 마리가 그들을 향해 천천히 다가오고 있었다.

"뭐야? 자동차라며?"

마루가 따지듯 묻자 미로는 웃으며 답했다.

"교통수단이라고 했지 자동차라고는 안 했어. 하하하!"

미로는 낙타에게 손을 흔들었다.

어느새 세 아이에게 다가온 낙타가 말했다.

"낙타는 사막에서 중요한 교통수단이지."

뒤따라 온 낙타가 미로를 보고 알은체를 했다.

"안녕, 너 또 왔구나."

"응, 오랜만이야. 너희가 나타날 줄 알았지. 또 만나서 반가워."

미로와 낙타들은 서로 끌어안으며 반가워했다.

"얘들아, 이쪽은 내가 교통수단이라고 말한 낙타들이야. 그리고 얘네는 씽씽랜드 레이싱 대회에 같이 참여할 마루와 루이고."

미로의 소개로 마루와 루이는 얼떨결에 낙타들과 인사를 나누었다.

"안녕, 난 긴다리멋져야. 아까 미로가 교통수단이라고 소개한 것

경우의 누로 레이싱에서 이겨라

사막의 중요한 교통수단 낙타

평범한 교통수단으로 사막을 건너는 것은 쉽지 않은 일이다. 자동차는 바퀴가 모래에 빠지기 십상이고, 말이나 소 등 다른 동물들은 더위를 잘 견디지 못한다. 반면 낙타는 긴 다리와 넓은 발바닥 덕분에 모래에 잘 빠지지 않으며, 등에 있는 혹의 지방을 분해해서 오랫동안 더위를 견뎌낼 수 있다. 이러한 점 덕분에 낙타는 사막에서 중요한 교통수단으로 활용된다.

처럼 우린 너희를 씽씽랜드까지 데려다줄 거야."

"안녕, 난 발바닥두꺼워야. 우린 사막에서 중요한 교통수단이지."

"안녕. 난 눈썹이길어야."

낙타들의 소개를 듣던 마루가 갑자기 웃음을 터뜨렸다.

"긴다리멋져? 푸하하!"

"마루가 너희를 만나서 엄청 반가운가 보다. 하하하!"

미로가 마루를 한쪽으로 끌어당기며 얼른 귓속말을 했다.

"마루야, 낙타들을 우습게 보면 안 돼!"

"미안, 난 그냥 긴다리멋져라는 이름이 웃겨서 그랬어."

마루와 미로가 속닥거리는 말을 듣고 발바닥두꺼워가 말했다.

"괜찮아, 우리 이름이 얼마나 중요한지 조금 있으면 알게 될 테니까."

긴다리멋져가 고개를 끄덕이며 말했다.

29

낙타는 사막의 중요한 교통수단이다.

"얘들아, 이제 출발할까?"

미로가 떠날 채비를 하며 말했다.

"그래, 레이싱에 참가하려면 얼른 가야지."

루이가 의아해하며 물었다.

"낙타들도 우리랑 같이 레이싱 대회에 참가하는 거야?"

미로가 낙타들에게 엄지를 들어 보이며 말했다.

"그럼, 내가 기다리던 친구들이 바로 낙타들이야."

마루가 어이없다는 듯 말했다.

"에이, 낙타가 어떻게 레이싱 대회에 참가해?"

"괜찮아, 낙타는 안 된다는 말이 없었잖아. 그리고 낙타들은 여길 잘 아니까 함께하면 좋을 것 같아."

듣고 보니 마루의 생각에도 낙타들이 큰 도움이 될 것 같았다.

"그래, 좋아!"

미로는 기뻐하며 낙타들에게 물었다.

"너희 생각은 어때?"

세 낙타도 레이싱 대회 참가에 동의했다.

"우리도 좋아."

미로가 루이에게 물었다.

"그럼 이제 정말 떠나 볼까. 루이야, 너는 누구한테 탈 거야?"

루이가 세 낙타를 번갈아 보며 말했다.

"글쎄, 난 세 친구 다 마음에 드는데……."

마루가 루이에게 핀잔을 주었다.

"그렇다고 다 탈 수는 없잖아."

세 낙타는 동그란 눈을 끔뻑거리며 루이를 쳐다보았다.

"그래, 한 사람이 낙타 하나를 선택해야 해."

루이가 울상을 지으며 말했다.

"내가 긴다리멋져를 선택하면 다른 두 낙타가 슬퍼할 거야. 발바닥두꺼워나 눈썹이길어를 선택해도 마찬가지야. 난 누구든 슬퍼지는 게 싫어."

옆에 있던 미로가 제안했다.

"그럼 루이야, 가위바위보에서 이긴 사람이 낙타를 먼저 고르는 게 어떨까?"

마루가 힘주어 말했다.

"좋아, 가위바위보라면 자신 있지!"

"알았어. 근데 내가 지면 누군가가 슬퍼지는 거 아니지?"

안절부절못하고 있는 루이를 보고 미로가 말했다.

"걱정 말고 한 번 해 보자."

마루가 얼른 손을 들어 올리며 외쳤다.

"안 내면 술래 가위바위보!"

세 친구의 손이 한가운데로 모였다.

"와, 내가 이겼다."

경우의 누로 레이닝에너 이겨라

루이가 1승을 했다.

"다시 해!"

토라진 마루가 씩씩거리자 미로가 거들었다.

"그럼 3판 2승으로 하자."

루이가 활짝 웃으며 말했다.

"좋아, 난 자신 있어."

"안 내면 술래 가위바위보!"

이번에는 마루와 루이가 보를 내서 무승부였다.

"자, 다시!"

"안 내면 술래 가위바위보!"

이번에도 승부가 가려지지 않았다. 마루는 긴장이 되는지 손에 땀이 났다.

"안 내면 술래 가위바위보!"

"와, 또 내가 이겼다!"

마루는 여태껏 친구들과 가위바위보를 해서 진 적이 거의 없었는데 오늘은 루이에게 두 번이나 지고 말았다.

"미로야, 한 번 더 하면 안 돼?"

"세 번 중에 두 번을 루이가 이겼으니까 그만하자."

루이가 마루에게 톡 쏘아 말했다.

"오빠, 약속한 거니까 인정해야지."

마루는 진 게 분해서 루이의 화를 돋우며 재촉했다.

"한 번만 더 하면 분명히 내가 이길 텐데. 너, 질까 봐 그렇지?"

"뭐라고!"

"경우의 수를 따져 보면 내가 이길 경우는 전체 아홉 번 중에 세 번이거든. 그러니 이번에는 꼭 내가 이긴다고!"

마루의 꾐에 넘어간 루이가 씩씩거리며 말했다.

"어림없는 소리! 이번에도 내가 이길걸."

"얘들아, 그만해."

미로가 둘을 말리며 말했다.

"경우의 수를 따져 보면 너희는 똑같이 각각 세 번 질 수 있고, 세 번 이길 수도 있어."

"뭐야, 그럼 오빠만 세 번 이길 수 있는 건 아니지?"

"맞아, 루이도 이길 경우의 수는 똑같이 세 번!"

미로의 설명에 화가 가라앉은 루이는 마루를 보며 혀를 쭉 내밀었다.

"그럼 이번에는 내가 이긴 걸로 끝!"

"루이야, 네가 이겼으니 낙타를 먼저 선택해."

"음, 난 눈썹이길어와 같이 갈래."

눈썹이길어도 좋다는 듯이 윙크를 했다.

"마루, 너는?"

경우의 누로 레이싱에너 이겨라

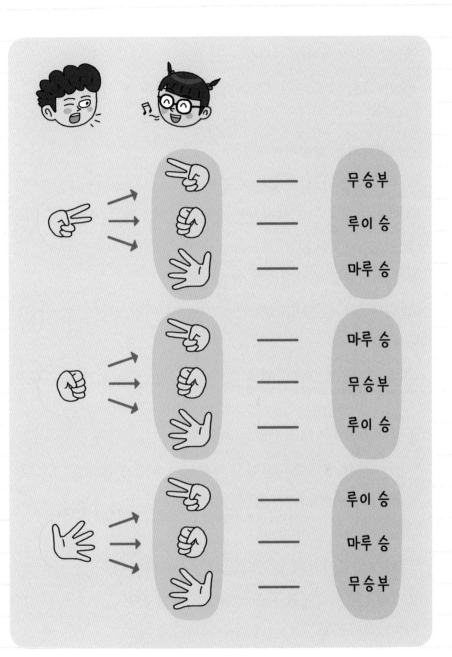

마루가 이길 경우의 수는 총 아홉 번 중에 세 번이다.

1. 씽씽랜드에서 만난 교통수단

"난 발바닥두꺼워를 선택할래."

"좋아, 그럼 난 긴다리멋져와 같이 앞장설게. 팀 만들기 완성!"

"야호!"

긴다리멋져가 앞장서며 말했다.

"이러다 늦겠다. 얼른 출발해 볼까?"

사막은 여전히 뜨거웠다. 세 낙타는 불어오는 모래바람에 가끔 발길을 멈추곤 했다.

마루가 낙타들을 걱정하며 말했다.

"그런데 낙타들은 발바닥 안 뜨거워? 나처럼 양말도 안 신었는데……."

"걱정 마, 내 발바닥은 꽤 두꺼운 편이거든. 그래서 이름도 '발바닥두꺼워'잖아."

발바닥두꺼워의 말에 모두들 한바탕 웃음을 지었다.

"사막에서는 발바닥이 두껍고 평평해야 걷기가 쉽다고."

발바닥두꺼워가 다리를 들어 올려 발바닥을 보여 주었다.

마루가 엄살을 떨며 말했다.

"너희가 없었다면 내 발바닥은 다 탔을지도 몰라."

루이가 눈썹이길어의 등을 쓰다듬으며 말했다.

"맞아, 낙타를 타고 가니까 너무 편하고 좋아."

"사막에서는 낙타가 없으면 이동하기 힘들어. 낙타는 사막에서

옛날에는 수레나 마차를 교통수단으로 이용했다.

중요한 교통수단이지."

"교통수단?"

미로가 친절하게 설명해 주었다.

"응, 교통수단은 자전거, 자동차, 기차처럼 사람이나 물건을 옮기는 데 쓰는 걸 말해. 옛날에는 수레나 마차 같은 교통수단을 이용했다고 들었어."

긴다리멋져가 긴 다리를 뽐내며 말했다.

"우린 경주하러 오는 친구들이 씽씽랜드까지 안전하게 갈 수 있도록 도와주는 역할을 한단다. 발이 푹푹 빠지는 사막에서는 우리처럼 긴 다리가 이동하기에 유리하지."

마루는 긴다리멋져의 이름이 정말 잘 어울린다는 생각이 들었다.

한참을 가던 중 루이가 칭얼거렸다.

"오빠, 햇볕이 너무 뜨거워"

"루이야, ★히잡으로 얼굴 가리고 가."

미로가 루이에게 히잡을 건네주었다.

루이는 히잡을 이리저리 돌려 보며 물었다.

"히잡? 이렇게나 땀이 나는데 더 덥게 이런 걸 쓰라고? 그랬다가는 쪄 죽겠어."

"걱정 마. 흰 히잡으로 얼굴을 가리면 햇빛을 반사하기 때문에 덜 더워."

"정말? 와, 아까보다 좀 시원해진 것 같아."

마루는 신기한지 히잡을 쓴 루이를 한참 쳐다보았다.

마루가 얼굴에 붙은 모래를 떼며 말했다.

★ 히잡
이슬람 전통 의상으로 여성들이 머리와 상반신을 가리기 위해 쓴다.

이슬람 전통 의상인 히잡을 착용한 여성

"히잡으로 따가운 모래바람도 막을 수 있겠네. 모래바람 때문에 눈을 제대로 뜰 수가 없어."

"맞아, 사막에서 모래바람은 정말 최악이지. 그래서 길고 아름다운 눈썹이 필요한 거야."

눈썹이길어가 긴 눈썹을 깜빡

경우의 누로 레이닝에서 이겨라

거리며 뽐내듯이 말했다.

"아, 역시!"

마루는 이제야 낙타들의 왜 그런 이름을 가지고 있는지 이해됐다. 정말 딱 알맞은 이름이었다.

루이가 세 낙타들을 보며 말했다.

"그럼 다리랑 발바닥은 자동차의 바퀴고, 눈썹은 와이퍼인 거야?"

루이의 말에 다들 웃음을 터뜨렸다.

"뭐라고? 하하하!"

루이가 발바닥두꺼워의 발바닥을 내려다보며 말했다.

"발바닥두꺼워는 발바닥이 넓고 평평한데 왜 자동차 바퀴는 둥근 걸까?"

"그건……."

마루가 우물쭈물하는 사이에 미로가 입을 열었다.

"사막이 아닌 평평한 길에서 달리는 바퀴는 교통수단에서 가장 중요한 부분이지. 바퀴는 통나무에서 시작됐대."

"통나무? 커다란 통나무가 자동차 바퀴였다는 말이야?"

"옛날에 이집트 사람들이 피라미드를 만드는데, 무겁고 커다란 돌을 통나무 위에 올려놓고 밀면 땅바닥에서 끌고 가는 것보다 쉽게 움직인다는 걸 알았지."

"오, 그렇구나!"

39

무거운 돌을 통나무 위에 올려놓고 밀면 쉽게 옮길 수 있다.

"이후에 사람들은 나무를 깎아서 좀 더 가벼운 바퀴를 만들었어. 지금의 자전거 바퀴처럼 나무를 깎아 바큇살이 있는 바퀴를 만들기도 했지."

루이가 고개를 끄덕이며 말했다.

"아, 마차 바퀴에서 본 것 같아."

마루도 지지 않으려고 한마디 덧붙였다.

"맞아, 옛날에 소나 말이 끌던 수레랑 마차의 나무 바퀴가 생각

경우의 누로 레이싱에서 이겨라

나네. 나무 바퀴에서 기차의 쇠바퀴, 자동차의 고무 타이어로 발전했잖아."

"오빠, 그런데 지금은 소나 말이 끌지 않는데 어떻게 바퀴가 굴러가는 거지?"

마루가 당연한 걸 묻는다는 듯 대답했다.

"그거야, 주유소에서 휘발유를 넣으면 가는 거지."

미로가 갑자기 루이에게 뜬금없는 질문을 했다.

"루이야, 자전거 탈 줄 아니?"

루이는 자랑스럽게 답했다.

"당연하지."

"자전거 탈 때 발을 힘껏 밀지? 이처럼 처음에는 소나 말과 같은 살아 있는 동물의 힘으로 바퀴를 굴렸어. 그런데 자전거를 오래 타면 힘들잖아. 동물들도 마차를 오래 끌면 지치게 되거든. 지치지 않는 힘이 없을까 생각하던 중에 새로운 힘을 발견한 거야."

미로의 말에 마루도 덩달아 궁금해졌다.

"지치지 않는 새로운 힘?"

"응, 그건 바로 수증기의 힘이야."

루이가 손으로 수증기가 피어오르는 시늉을 하며 말했다.

"수증기? 물 끓이면 나오는 거?"

"맞아, 증기의 힘으로 달리는 증기자동차를 발명한 거야."

41

증기자동차

동물의 힘이 아닌 증기기관으로 움직이는 자동차는 1769년 프랑스 발명가 니콜라 조제프 퀴뇨가 처음 만들었다. 최초의 증기자동차는 물을 끓여 얻은 증기의 힘으로 움직였으며 사람이 걷는 속도와 비슷했다.

니콜라 조제프 퀴뇨가 발명한 최초의 증기자동차

"수증기 하니까 생각나네."

마루의 말에 모두 눈을 동그랗게 뜨고 물었다.

"뭐가?"

"물 마시고 싶어."

다들 마루의 대답을 듣고 어이가 없었지만, 한참을 걸어 힘들고 목이 마른 것은 사실이었다.

햇볕은 계속 내리쬐고, 모래바람이 시야를 가려 힘이 점점 더 빠

경우의 수로 레이닝에서 이겨라

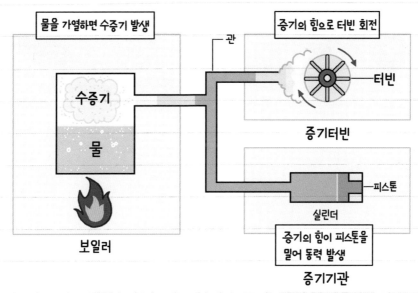

물을 가열하면 수증기 발생

관

증기의 힘으로 터빈 회전

터빈

증기터빈

수증기

물

보일러

피스톤

실린더

증기의 힘이 피스톤을 밀어 동력 발생

증기기관

증기기관은 물을 가열했을 때 생기는 수증기의 힘을 이용한다.

지는 것 같았다.

'얼마나 더 가야 하나?'

마루는 가물가물 졸음이 왔다.

퀴즈 1

다음 중 교통수단이 아닌 것은 무엇일까?

① 낙타   ② 증기자동차   ③ 히잡   ④ 나룻배   ⑤ 마차

2 자동차에 담긴 작용과 반작용

눈썹이길어가 아이들을 깨웠다.

"얘들아, 저기 좀 봐."

그 말에 낙타 등 위에서 꾸벅꾸벅 졸던 마루, 루이, 미로가 눈을 번쩍 떴다. 눈을 뜨니 저 멀리 무언가 보이는 듯했다.

루이는 너무 목이 말랐다.

"뭐야? 오아시스야?"

마루는 손으로 눈을 비비며 먼 곳을 바라봤다.

"드디어 씽씽랜드에 도착한 것 같아."

씽씽랜드 입구에 걸린 커다란 현수막이 마루 일행을 반갑게 맞이했다.

경우의 누로 레이싱에서 이겨라

미로가 의미심장한 표정을 지으며 중얼거렸다.

"드디어 왔군."

씽씽랜드는 벌써 수많은 참가자들로 떠들썩했다. 많은 팀이 자동차를 고르느라 분주했다. 팀이 자동차를 찾기도 하고, 자동차가 팀을 찾기도 했다.

기다리멋져가 인파 속으로 휙 지나가는 물건을 보고 물었다.

"저건 뭐지?"

"어디? 아, 저건 킥보드."

미로의 대답에 루이도 두리번거리며 킥보드를 찾아봤지만 휙 지나가 버려서 볼 수 없었다.

루이는 집에 있는 킥보드가 생각났다.

"에이, 나도 킥보드 가져올걸."

마루가 루이에게 핀잔을 주었다.

"네 건 애들이나 타는 거잖아. 레이싱에서는 소용도 없을걸."

루이는 마루의 핀잔에 아랑곳하지 않고 큰 소리로 말했다.

"뭐라고? 내 킥보드가 얼마나 빠른데!"

긴다리멋져가 루이를 달래며 말했다.

"루이야, 화내지 말고 네 킥보드가 얼마나 빠른지 말해 줄래?"

"응, 내 킥보드에는 바퀴가 세 개나 있어. 앞에 하나, 뒤에 두 개."

"그럼 바퀴 세 개로 달리는 거야?"

"꼭 그렇지는 않아. 왜냐하면 내가 한 발로 밀어야 앞으로 나가거든."

"그럼 한 발과 바퀴 세 개로 달리는 거네."

루이는 열심히 킥보드를 타는 흉내를 내며 말했다.

"그렇지. 내가 한 발로 땅을 밀면 나머지 바퀴 세 개가 앞으로 나아가면서 씽하고 달리는 거야."

미로가 루이 눈치를 보며 킥보드를 추켜세웠다.

"맞아, 예전에는 그런 걸 탔다고 들었어. 아주 과학적인 교통수

경우의 누로 레이싱에서 이겨라

단이지."

"킥보드가 과학적이라고? 말도 안 돼!"

마루의 대꾸에 루이도 지지 않고 목소리를 높였다.

"왜, 내 킥보드가 어때서!"

미로는 마루와 루이를 진정시키며 말했다.

"자, 그만들 하고 잘 들어 봐. 바퀴의 역사에 대해 이야기했었지?"

뉴턴의 제3 법칙, 작용과 반작용의 법칙

모든 작용에는 크기는 같고 방향이 반대인 반작용이 존재한다. 우리가 걸을 때 다리는 땅을 밀고 이 반작용으로 땅도 다리를 밀어낸다. 이 때문에 사람과 땅 양쪽에 크기가 같고 방향이 반대인 힘이 작용하게 된다.

작용 → 반작용

마루는 미로가 무슨 말을 하려는지 들어 보기로 했다.

"응."

"바퀴의 역사가 자동차의 역사이고, 자동차의 발전은 과학의 발전이야. 어때?"

"에이 너무 뛰어넘는 거 같은데!"

미로는 주저하지 않고 계속 말을 이었다.

"그리고 한 가지 더. 킥보드는 한 발로 땅을 밀지? 그러면 바퀴가 앞으로 나아가고."

"응, 그렇지."

"작용과 반작용에 대해서 들어 본 적 있어?"

마루는 어디선가 들어 본 말인 것 같았다.

"작용과 반작용은 당연히 알지!"

"공기를 넣은 풍선을 놓으면 어떻게 될까?"

"춤추면서 달아나잖아."

"맞아, 루이야. 공기가 뒤로 빠지면서 풍선이 앞으로 나아가잖아. 이게 작용과 반작용이야."

"와, 그렇구나! 신기해."

★ 만유인력
질량을 가지고 있는 모든 물체가 서로 잡아당기는 힘.

"지구와 달 사이에 ★만유인력이 작용하는데 이것도 작용과 반작용이라고 할 수 있어. 당기는 힘은 같지만 작용하는 방향은 반대지."

경우의 누로 레이닝에너 이겨라

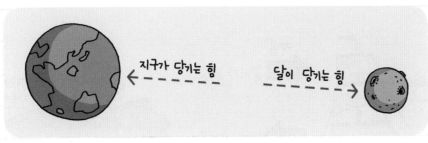

만유인력도 작용과 반작용이다.

　가만히 듣고 있던 마루가 번뜩 떠오르는 것이 있는지 무릎을 쳤다.

"그럼 자동차도 작용과 반작용이 적용된 거네?"

"딩동댕!"

마루가 어깨를 으쓱했다.

"자동차 바퀴가 땅을 뒤로 미는 힘(작용) 때문에 자동차가 앞으로 나아가는 거지(반작용)."

"돛단배도 마찬가지야."

"공기가 돛단배를 밀면 배도 공기를 밀면서 앞으로 나아가는 거 맞지?"

"마루야, 너 참 많이 아는구나."

"반 친구들이 나보고 괜히 똘똘이라고 부르겠어? 히히."

마루의 말에 미로도 웃으며 물었다.

"혹시 비행기 타 봤어?"

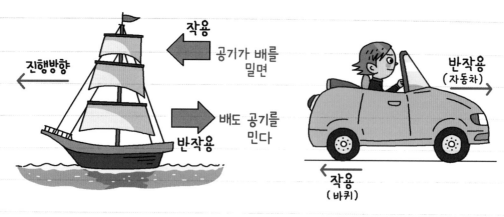

작용
공기가 배를
밀면

진행방향

반작용

반작용
(자동차)

배도 공기를
민다

작용
(바퀴)

작용과 반작용은 여러 교통수단의 기본 원리다.

"응, 올 겨울에 부모님이랑 따뜻한 곳으로 여행 다녀왔거든."

"이륙할 때 기분이 어땠어?"

"비행기가 활주로에 천천히 들어설 때는 왜 이렇게 천천히 갈까 하고 투덜댔다가 이륙할 때는 아찔했어."

루이가 맞장구쳤다.

"맞아, 오빠도 그렇고 나도 그렇고 두 손 꼭 잡고 한참을 얼음처럼 굳어 있었어."

"비행기도 작용과 반작용의 원리가 적용돼. 제트엔진에서 나오는 고온·고압의 가스 때문에 하늘 위로 나아갈 수 있지."

"미로 오빠는 모르는 게 없네."

루이가 미로를 칭찬하자 마루도 엄지를 치켜들었다.

경우의 누로 레이닝에서 이겨라

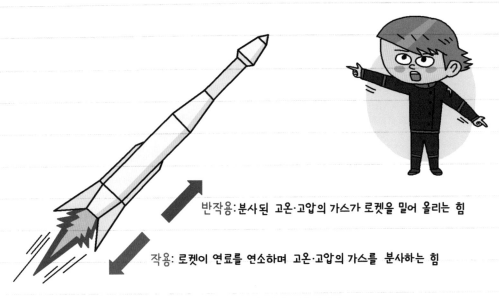

반작용: 분사된 고온·고압의 가스가 로켓을 밀어 올리는 힘

작용: 로켓이 연료를 연소하며 고온·고압의 가스를 분사하는 힘

로켓도 작용과 반작용의 원리로 움직인다.

"작용과 반작용은 여러 교통수단의 기본 원리라고도 할 수 있어. 이런 원리 덕분에 우주 탐험도 가능해진 거야."

"로켓과 우주선도 같은 원리란 말이지, 미로 오빠?"

"응, 로켓과 우주선도 비행기와 비슷한 원리라고 할 수 있어. ★추진체에서 고온·고압의 가스가 나오면서 그 힘으로 로켓과 우주선이 하늘로 올라가는 거지."

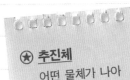

★ 추진체
어떤 물체가 나아가는 데 사용되는 물질(추진제)이 담긴 몸체.

마루가 실눈을 뜨며 미로에게 질문했다.

"우리나라 최초의 로켓이 뭔지 알아?"

51

"응? 갑자기 우리나라?"

미로는 갑작스러운 질문에 잠시 당황했지만 학교에서 배운 기억을 더듬어 보았다.

"힌트를 주자면 조선시대인 1448년(세종 30년)에 만들어졌어."

"잠깐, 신······ 뭐였던 거 같은데."

"정답은 바로 신기전이야."

미로는 그제야 과학 시간에 신기전과 화차를 본 기억이 떠올랐다.

"신기전도 작용과 반작용을 이용한 무기라고 할 수 있어. 임진왜

경우의 누로 레이싱에서 이겨라

란 때 거북선과 함께 큰 성과를 거두었지.”

“맞아, 나도 들어 본 기억이 나.”

미로의 말에 마루는 어깨를 한 번 더 으쓱했다.

마루와 미로가 작용과 반작용에 대해 열띤 토론을 하는 사이 도로는 밀려오는 인파로 더욱 복잡해졌다. 앞뒤 할 것 없이 크고 작은 길에 사람들과 자동차가 꽉 차 있었다.

마루 일행은 이리저리 인파에 떠밀려 우왕좌왕했다. 그때 멀리서 미로에게로 자동차 한 대가 빠르게 달려오는 게 보였다.

마루가 깜짝 놀라 뒤로 물러서며 소리쳤다.

“으악! 얘들아, 피해!”

마루의 외침에 모두 달려오는 자동차를 보고는 놀라 흩어졌다.

“엄마야!”

그런데 미로는 놀라기는커녕 달려오는 자동차를 향해 뛰기 시작했다. 빠르게 달려오던 자동차도 미로 앞에서 멈추어 섰다.

“오랜만이야, 미로야.”

“투니야, 드디어 왔구나!”

미로와 자동차가 서로 얼싸안으며 인사했다.

“얘들아, 이리 와 봐. 내가 찾던 친구를 만났어.”

마루, 루이, 낙타들이 어리둥절해하며 모였다.

“여긴 지난번 대회에서 만난 친구, 투니라고 해.”

투니는 가볍게 경적을 울리며 마루, 루이, 낙타들에게 인사했다.

"안녕? 난 투니야. 만나서 반갑다."

"지난번 대회에서 아깝게 떨어져서 네가 꼭 다시 올 거라고 생각했어."

"이때껏 날 기다린 거야?"

"당연하지. 널 기다리면서 나름대로 연습도 많이 했다고. 이번에는 꼭 우승할 거야!"

투니는 신이 났는지 주변을 한 바퀴 횡 돌았다. 그런데 투니의 모습이 어쩐지 다른 차들과는 달리 작고 낡아 보였다.

경우의 누로 레이싱에서 이겨라

마루가 미로에게 작게 속삭였다.

"미로야, 우리 이 자동차를 타고 레이스에 나가는 건 아니지?"

미로도 작게 물었다.

"투니가 마음에 안 들어?"

"그게……."

마루가 우물쭈물하는 사이 루이가 끼어들었다.

"좀 낡긴 했지만 난 마음에 들어."

"그러게, 좀 낡은 것 같아서……."

마루가 걱정스러운 표정으로 투니를 바라보았다.

"에이, 그런 거라면 걱정 마. 레이스 전에 투니를 새로 세팅할 수 있는 기회가 있거든."

마루는 그제야 안심이 됐다.

"정말? 그렇다면 나도 오케이!"

미로가 투니를 보며 물었다.

"그것보다 투니는 이 대회에 몇 번 도전했던 경험이 있어서 씽씽 랜드에 대해 누구보다 잘 알고 있어. 그렇지, 투니?"

신이 나서 이리저리 친구들 사이를 돌던 투니는 미로의 말에 눈을 찡긋했다.

투니가 의미심장하게 말했다.

"맞아, 난 씽씽랜드에서 두 번이나 대회에 출전했던 경험이 있어.

세 번까지 기회가 있는데 이번이 나의 마지막 레이싱인 셈이야."

투니가 주변을 두리번거리더니 목소리를 낮춰 말했다.

"덕분에 이곳에 대해 알고 있는 게 좀 있지. 레이싱에 도움이 될 지도 몰라."

마루 일행은 투니를 둘러싸고 동그랗게 모여 투니의 말에 집중했다.

"먼저 이곳에는 정말 많고 다양한 참가자들이 모인다는 거야. 레이싱 자동차의 종류도 말로 표현 못 할 정도로 많지."

"아, 그럼 아까 본 킥보드도 레이싱에 참가하는 거야?"

눈썹이길어는 그 정도쯤은 쉽게 이길 수 있을 거라 생각했다.

"응, 아마도 그럴 거야."

"또 어떤 종류의 자동차가 있는데?"

"음, 아직 첫 번째 레이스가 시작되기 전이라서 정확하진 않지만, 지난 대회를 생각해 보면 바퀴가 달렸다면 무엇이든 출전이 가능해."

마루가 킥킥 웃으며 물었다.

"그럼 유모차나 보드, 자전거도 된다는 거야?"

루이가 어처구니없다는 표정으로 말했다.

"유모차? 그건 너무하다."

"그럼 당연하지. 작년엔 유모차도 대회에 참가하긴 했어."

마루가 웃다가 놀라 캑캑거렸다.

"뭐, 뭐라고? 정말이야?"

발바닥두꺼워가 어리둥절해하며 말했다.

"바퀴로 달리는 것들은 종류가 참 많구나."

미로가 침착하게 말했다.

"교통수단은 바퀴로 달리는 것 말고도 참 많아. 운반 대상에 따라 여객과 화물로 나누고, 어디로 가는지에 따라 육상교통, 해상교통, 항공교통으로 나눌 수 있거든. 대표적인 육상교통으로 자동차와 기차가 있어."

투니가 조심스럽게 말했다.

"더 중요한 사실도 알고 있지."

다들 다시 한번 눈을 동그랗게 뜨고 투니 가까이로 모였다.

"뭔데?"

"바로 무어카 군단!"

"무어카 군단?"

미로가 투니의 말에 뭔가 눈치챘다는 듯 속삭였다.

"아, 그 방해꾼 말이지."

"왜, 뭔데?"

이번에는 모두의 눈길이 미로에게로 쏠렸다.

"무어카 군단이라고 레이싱을 방해하는 방해꾼들인데 자꾸 '무

교통수단의 종류

교통수단은 운반 대상에 따라 여객과 화물로 나눌 수 있다.

여객을 태우는 버스

화물을 나르는 화물차

어디로 이동하는지에 따라 육상교통, 해상교통, 항공교통으로 나눌 수 있다.

땅으로 이동하는 육상교통

바다나 강으로 이동하는 해상교통

하늘로 이동하는 항공교통

경우의 누로 레이닝에서 이겨라

얼까?' 하고 묻는 공격을 해."

"아, 그래서 무어카야? 하하!"

다들 크게 웃음을 터뜨렸다.

"그렇지만 쉽게 볼 녀석들이 아니야. 지난번 경기에서 무어카 군단의 방해로 아쉽게 떨어지고 말았거든."

미로의 말에 투니가 힘주어 말했다.

"걱정 마, 이번에는 무어카 군단의 방해가 있어도 이겨 낼 자신이 있다고!"

"투니 말이 맞아. 투니와 함께하면 이번에는 정말 우승할 수 있을 거야. 애들아, 우리 투니를 믿고 한번 해 보지 않을래?"

미로가 투니의 말에 맞장구치며 모두의 대답을 기다렸다.

"그래, 좋아!"

"나도!"

마루와 루이가 동의했다. 그런데 낙타들은 선뜻 대답하지 않고 망설이는 표정이었다.

우물쭈물하던 세 낙타 중 발바닥두꺼워가 나서며 말했다.

"투니의 넓이가 우리가 타기에는 너무 작은 것 같아."

그제야 눈썹이길어와 긴다리멋져도 조심스레 말했다.

"맞아, 미안한데 우리가 너무 커서 투니에 탈 수 없을 것 같아."

"좀 더 넓어야 할 것 같아."

투니는 몸집을 좀 더 부풀리듯 힘을 주며 자신 있게 말했다.

"걱정 마. 내가 보기보다는 부피가 커서 모두 거뜬히 탈 수 있어."

이때 마루가 끼어들었다.

"잠깐만! 발바닥두꺼워는 넓이가 작다고 하고, 투니는 부피가 크다고 하니 서로 무슨 말을 하는 건지 모르겠어."

마루의 말에 미로가 좋은 생각이 난 듯 신이 나서 말했다.

"자, 그럼 우리 모두가 투니에 탈 수 있는지 없는지 넓이와 부피를 따져 볼까?

마루가 대답했다.

"우선 가로 길이와 세로 길이를 곱하면 사각형의 넓이를 구할 수 있어."

미로가 마루의 말을 이어받아 말했다.

"앞에 두 자리, 중간에 세 자리, 뒤에도 세 자리니까 낙타들은 중

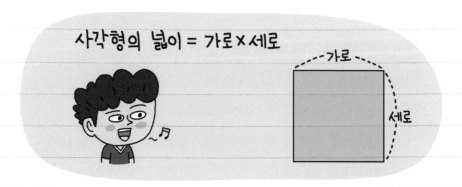

간과 뒤에 있는 좌석에 앉으면 될 것 같아."

"그럼 중간과 뒤에 있는 좌석의 넓이를 구해야겠네."

미로가 척척 계산했다.

"한 자리 넓이는 $90cm \times 90cm = 8{,}100cm^2$이니까 세 자리면 $8{,}100cm^2 \times 3 = 24{,}300cm^2$."

눈썹이길어가 걱정스러운 표정으로 말했다.

"좌석은 네모난데 엉덩이는 동그랗잖아. 엉덩이 넓이는 어떻게 구하지?"

마루가 걱정 말라는 듯 말했다.

"원의 넓이를 구하면 되지."

이번에도 미로가 쉽게 계산했다.

"엉덩이 지름이 30cm이니까 원의 넓이를 구하는 공식 반지름×반지름×3.14를 적용하면 15cm×15cm×3.14 = 706.5cm²."

"좌석 넓이보다 엉덩이 넓이가 더 작으니까 앉는 건 해결됐네."

긴다리멋쩌가 여전히 걱정스러운 표정으로 말을 이었다.

"그렇지만 우린 등에 혹이 있고, 다리도 길어서 차에 들어갈 수 있을지 걱정돼."

"걱정 마. 그건 부피를 구하면 되지."

발바닥두꺼워가 고개를 절레절레 흔들며 물었다.

"부피는 또 뭐야?"

"부피란 공간에서 한 물체가 차지하는 크기를 말해. 직육면체의 부피는 밑면의 넓이에 높이를 곱하면 구할 수 있어."

이번에는 마루가 계산했다.

"좌석 하나의 부피는 8,100cm²×150cm = 1,215,000cm³

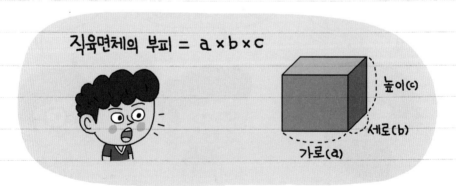

직육면체의 부피 = a×b×c

높이(c)

세로(b)

가로(a)

경우의 누로 레이싱에서 이겨라

미로가 자신 있게 말했다.

"내 생각에는 너희가 다리만 잘 구부리면 충분히 앉을 수 있어."

"그럴까?"

낙타들은 아무래도 미심쩍었지만 투니와 미로를 실망시키기 싫었다.

"그래, 너만 믿는다."

"잘 부탁해."

"기대할게, 투니!"

다들 투니를 향해 활짝 웃었다. 투니도 모두를 보며 활짝 웃었다.

"좋아, 우리 한번 해 보자!"

"자, 그럼 출발할까?"

미로가 자동차 문을 힘차게 열었다. 신기하게도 마루와 루이, 낙타들까지도 거뜬히 탈 수 있었다.

우리 주변에는 직용과 반직용을 활용한 물건들이 많다. 다음 중 작용과 반작용을 활용한 것은 무엇일까?

① 로켓　　② 드라이기　　③ 청소기　　④ 마우스　　⑤ 컴퓨터

3 세 번의 선택, 열두 가지 경우의 수

씽씽랜드 입구가 시끌벅적했다.

한 아이가 토끼, 코끼리와 함께 지나가며 인사했다.

"안녕?"

이번에는 말하는 카드가 긴다리멋져의 다리 사이를 지나가며 말했다.

"좀 지나갈게요!"

마루가 눈을 휘둥그레 뜨며 주변을 정신없이 둘러보았다.

"우와, 여긴 정말 멋진 곳이구나!"

"오빠, 저기 좀 봐."

루이가 가리키는 곳을 보니 커다란 자판기 앞에 길게 줄이 서 있

경우의 누로 레이닝에너 이겨라

었다.

"우리도 얼른 가 보자."

투니가 커다란 자판기 앞에 서며 말했다.

"여기서 연료 아이템을 골라야 해."

자판기에는 휘발유, 전기, 수소 세 개의 버튼이 깜빡였다.

"어떤 걸 고르는 게 좋을까?"

"세 개 중 하나만 고를 수 있는 거야?"

루이의 물음에 발바닥두꺼워가 심드렁하게 답했다.

"세 개 다 고르면 되지."

"아니! 너희 여기 규칙을 모르니?"

갑자기 들려온 목소리에 모두 고개를 돌려 쳐다보았다.

긴다리멋져가 깜짝 놀라 물었다.

"깜짝이야, 누구세요?"

"안녕? 나는 씽씽랜드 지킴이 모르니 박사란다."

"아, 안녕하세요?"

마루와 루이는 박사라는 말에 살짝 움츠러들었다.

"여기 연료 자판기에서는 세 개 중에 하나만 고를 수 있단다."

"딱 한 가지만요?"

"응, 하나만. 첫 번째 경기는 사막 레이스라서 연료를 신중히 선택해야 해."

모르니 박사의 말이 끝나자마자 마루는 연료 자판기 앞으로 다가갔다.

마루가 휘발유 버튼 쪽으로 손가락을 가까이하자 갑자기 자판기에서 소리가 났다.

"좋은 선택이야! 나는 엔진에 넣는 연료 휘발유야. 강력한 힘으로 사막에서도 힘차게 달릴 수 있지."

마루가 깜짝 놀라 손가락을 전기 버튼 쪽으로 살짝 비켜가자 다

경우의 누로 레이닝에서 이겨라

른 소리가 났다.

"그렇지! 휘발유는 배기가스에서 공기를 오염시키는 물질이 나오기도 하고, 고장이 나면 정비소가 멀어서 빨리 고치기 어려워."

어디에서 나는 소리인지 다들 귀를 기울였다.

"여기, 여기! 난 전기라고 해."

전기 버튼이 불빛을 깜빡거리며 말했다.

"나는 모터를 사용하기 때문에 배기가스가 없어. 친환경적이라고 말할 수 있지. 그리고 엔진 자동차보다 차량 무게가 가벼워서 달리기 편할 거야."

"친환경에다 가볍게 달릴 수 있다니! 이거 어때?"

마루가 전기 버튼의 말을 듣고는 막 누르려는 찰나, 또 다른 소리가 들렸다.

"잠깐, 잠깐!"

다들 자판기에서 깜빡이는 불빛을 찾아보았다.

"여기! 마지막 남은 수소입니다. 내 이야기까지 들어야 공평한 거 아닌가요?"

마루는 친구들을 돌아보았다.

미로가 고개를 끄덕이며 말했다.

"그래, 수소 이야기도 들어 보자."

"여러분, 저를 선택해 주세요. 사막 레이스에서는 수소자동차가 최고입니다. 저도 전기처럼 모터를 돌리기 때문에 공기 오염이 없습니다. 전기보다 좋은 점으로 연료 충전이 5분밖에 걸리지 않아서 충전 시간을 줄일 수 있다는 것이지요."

수소 버튼의 이야기를 듣고 모두 망설였다.

"자, 자! 망설이지 마십시오. 또 하나 가장 중요한 사실! 충전소가 보이지 않을 때 여러분이 먹는 물을 연료로 쓸 수 있습니다."

마루가 의심의 눈초리로 물었다.

"정말?"

각 연료별 특징

휘발유

전기나 수소와 달리 쉽게 구할 수 있다. 휘발유를 태울 때 공기를 오염시키는 배기가스가 나오며, 무거운 엔진 때문에 연료 효율이 떨어진다.

전기

휘발유와 달리 배기가스가 없어서 친환경적이고, 가벼운 모터 덕에 효율적이다. 하지만 충전에 오랜 시간이 걸리며 한 번의 충전으로 먼 거리를 달리지는 못한다.

수소

같은 양으로 휘발유에 비해 더 먼 거리를 달릴 수 있고, 연료를 보충하는 시간도 전기에 비해 짧다. 단, 수소를 연료로 사용할 때 필요한 연료전지가 비싸다는 단점이 있다.

경우의 누로 레이닝에너 이겨라

수소 버튼이 더욱 빠르게 깜빡였다.

"물론입니다. 물을 연료로 사용할 수 있지요."

연료 자판기 버튼들이 서로 자기 자랑을 하는 통에 마루 일행은 무엇을 선택할지 더욱 고민됐다.

마루가 먼저 입을 열었다.

"한 가지를 선택하라면 난 휘발유를 고르겠어. 전기나 수소는 좀 생소하지 않아?"

발바닥두꺼워도 동의했다.

"맞아, 연료 때무에 힘이 부족해서 바퀴가 모래에 빠지는 것보다 낫지. 안 그래?"

그러자 미로가 대꾸했다.

"여기 씽씽랜드의 레이싱 대회는 속도도 중요하지만 환경을 생각하는 대회거든. 휘발유 자동차는 아무래도 배기가스가 나오잖니."

긴다리멋져도 미로의 생각에 동의했다.

"그렇다면 전기나 수소 중에 고르는 건 어때?"

"전기나 수소가 낫긴 한데 힘이 부족해서 바퀴가 모래에 빠지면 어떡하지?"

투니가 자신 있게 말했다.

"그건 걱정 마! 내가 최적의 힘을 내도록 노력해 볼게."

모르니 박사가 마루 일행에게 조언했다.

"너희 이렇게 우물쭈물하다가는 시간이 부족할지 몰라. 우선 다른 것들도 살펴본 후에 선택하는 게 어떻겠니?"

마루도 다른 것들을 본 뒤에 연료를 선택하는 게 좋겠다고 생각했다.

"자, 다음 코너로 가볼까?"

모르니 박사는 마루 일행을 두 번째 아이템 자판기로 안내했다.

"여기에서는 너희가 길을 찾는 데 쓰는 아이템을 선택할 수 있어. 지도와 지구본 중에 하나를 골라야 해."

이번에는 루이가 지도 버튼 쪽을 손가락으로 가리켰다.

메르카토르 도법

지도를 그리는 방법 중 하나. 지구를 원통에 넣고 중심에서 불을 비췄을 때 원통에 비치는 그림자를 그대로 그리는 원통도법을 이용하는 방법이다. 그림자를 그린 후에는 남극이나 북극의 왜곡된 부분을 보정해서 지도로 표현한다.

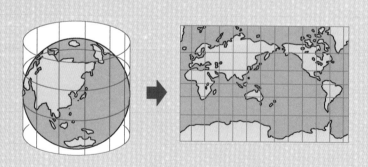

경우의 누로 레이닝에서 이겨라

"안녕! 정말 탁월한 선택이야. 난 유명한 메르카토르 도법으로 그린 지도지. 항해할 때 지구본보다 지도와 나침반, 각도기만 있으면 쉽게 목적지를 찾아갈 수 있다고. 나의 유명세를 한눈에 알아보다니 너 정말 대단하구나."

지도 버튼은 은근슬쩍 자신의 유명세를 뽐내며 루이를 칭찬했다.

"너희는 똑똑하니까 많은 항해사가 나를 선택했다는 것도 알고 있겠지?"

지도 버튼의 칭찬에 루이는 어리둥절했다. 마루와 미로는 뭔가 반박할 말을 해야 하지 않을까 하면서 서로 눈빛을 교환했다.

미로가 급히 떠오른 생각을 말했다.

"그렇지만 실제로 둥근 지구와는 지형이 좀 다르지 않나?"

"오케이, 이제야 나를 알아주는군!"

그때 반대쪽 버튼이 말을 시작했다.

"맞아, 나 지구본이야말로 지구와 똑같이 생겼지. 안 그래?"

지구본 버튼이 자신을 눌러 달라는 듯이 깜빡였다.

"너희 대권항로에 대해 들어 봤니?"

"대권항로?"

마루는 처음 듣는 말에 어리둥절했다.

"대권항로란 지구에서 두 지점을 가장 짧게 연결하는 길을 말해. 비행기 타고 여행 가 본 적 있지?"

마루와 미로가 동시에 대답했다.

"물론이지."

"여행할 때 출발지에서 목적지까지 빨리 가려면 대권항로를 알아야 한다는 말씀. 메르카토르 도법을 사용한 지도에서는 출발지와 목적지를 직선으로 연결하는 게 가장 빠른 길이라고 생각하기 쉬워. 하지만 실제로는 그렇지 않지. 왜냐하면 지구는 볼록하고 둥그니까. 그래서 가장 빠르게 갈 수 있는 길인 대권항로를 찾는 거야."

마루는 지도에 그은 직선을 지구본에다 옮기면 어떻게 될지 머릿속에 그려 보았다.

"아, 그렇구나."

지구본 버튼이 우쭐대며 말했다.

"그래서 대권항로는 주로 비행사들이 많이 이용한다고."

미로도 맞장구를 쳤다.

"맞아, 지구본은 지구와 비슷하게 둥그니까 길을 찾는 데 더 정확할 거야."

지도 버튼이 삐진 듯 퉁명스럽게 말했다.

"흥, 너희 레이스가 그렇게 멀리 가는 건 아닐걸? 사막에서 대권항로가 무슨 소용이람."

눈썹이길어가 지도 버튼을 달래듯 조심스럽게 말했다.

"맞아, 지구본을 들고 다니기는 번거롭지 않을까?"

경우의 누로 레이싱에너 이겨라

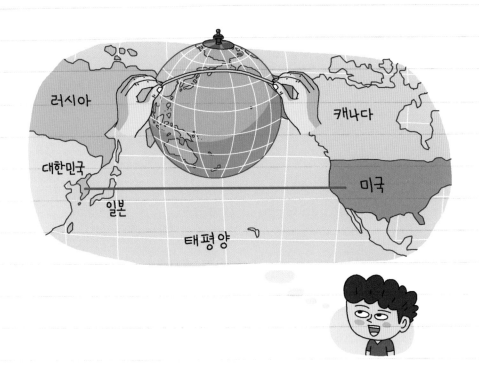

긴다리멋져도 눈치를 보며 말했다.

"그래, 한눈에 살펴보기에는 지도가 나을지도 몰라."

발바닥두꺼워가 심드렁하게 말했다.

"이러다가 우리 정말 늦는 거 아니야?"

"맞아, 마지막 코너까지 다 살펴보고 나서 선택하자."

미로의 말에 모두 옆에 놓인 마지막 자판기 쪽으로 고개를 돌렸다.

발바닥두꺼워가 자판기를 자세히 들여다보며 말했다.

"이건 좀 이상한데?"

루이도 고개를 갸우뚱거렸다.

"그러게. 오빠, 여기에는 버튼이 없어."

물끄러미 서 있던 눈썹이길어가 자판기 앞으로 바짝 다가가더니 동그란 구멍에 얼굴을 들이 밀었다.

"에구머니나!"

눈썹이길어가 깜짝 놀라며 뒤로 물러섰다.

마루가 눈썹이길어를 쳐다보며 물었다.

"거기 뭐가 있어?"

"엄청 큰 개미 공룡이 있어?"

"뭐라고? 개미 공룡?"

미로가 얼른 구멍을 들여다보았다.

"정말이네. 뭐지?"

그때 자판기에서 소리가 들렸다.

"얘들아, 안녕? 나는 돋보기야. 너희가 본 건 개미 공룡이 아니라 그냥 개미지. 난 이렇게 모든 물체를 크고 자세히 볼 수 있도록 돕는단다."

눈썹이길어가 놀란 눈을 깜빡거리며 안심했다.

"휴, 그렇구나."

긴다리멋져가 다리를 쭉 벌리며 키를 낮춰 다른 쪽 구멍에 눈을 가까이 댔다.

"이쪽은 다르게 보이나? 어머나, 멋져라!"

긴다리멋져가 감탄하자 마
루가 호기심 가득한 표정으로
쳐다보았다.

"거긴 어때?"

긴다리멋져는 황홀한 표정
으로 말했다.

돋보기로는 가까이 있는 물체를 크게 볼 수 있다.

"뭐랄까 작은 보석들이 한가득 있다고 해야 할까?"

루이가 가까이 다가갔다.

"나도 보고 싶어. 와, 정말 예쁘다. 그런데 이게 다 뭐지?"

망원경이 우아한 목소리로 부드럽게 말했다.

"그건 밤하늘에 반짝이는 별들이란다."

그 소리를 듣고 미로가 반갑게 인사했다.

"안녕? 넌 망원경이구나."

망원경도 미로에게 인사를 했다.

"안녕? 나를 알아보다니 고마워."

마루가 망원경을 들여다보고는 실망한 표정으로 말했다.

"뭐야, 멋지긴 한데 너무 작게 보이는데?"

"그건 밤하늘의 별이 아주 멀리 있어서 그렇지. 나는 멀리 있는
물체를 가깝게 보이도록 도와준단다."

"그럼, 돋보기와 망원경은 어떻게 다른 거야?"

75

"차이점을 모르니?"

갑자기 뒤에서 모르니 박사가 불쑥 끼어들며 설명을 시작했다.

"돋보기로는 가까이 있는 물체를 크게 볼 수 있지만 멀리 있는 물체를 크게 보긴 어려워. 반면에 망원경으로는 멀리 있는 물체를 크게 볼 수 있지만 가까운 물체는 초점이 안 맞아서 볼 수 없단다."

모르니 박사의 말이 길어지자 미로가 끼어들어 말했다.

"두 개가 쓰이는 곳이 다르겠군요."

"그렇지. 하지만 돋보기와 망원경은 둘 다 볼록렌즈를 사용한다는 공통점이 있단다."

마루는 모르니 박사의 말이 의아했다.

"똑같은 렌즈를 사용하는데 어떻게 다를 수가 있죠?"

"흠흠, 그 이유도 모르는구나."

모르니 박사가 마루를 보고 웃으며 또다시 설명을 시작했다.

"그건 볼록렌즈가 빛을 한곳으로 모으는 특징이 있기 때문이지. 돋보기는 볼록렌즈를 하나만 사용하지만 망원경은 볼록렌즈를 두 개나 사용해. 그러니 렌즈를 사용하는 방법에 따라 용도가 달라지는 거야."

"아, 그렇군요. 전혀 몰랐어요."

"그런데 볼록렌즈 두 개를 사용해서 보면 물체가 거꾸로 보이는 단점이 있어. 이때는 쌍안경처럼 프리즘을 넣어서 똑바로 볼 수 있

경우의 누로 레이싱에서 이겨라

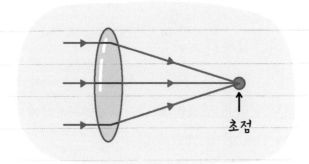

볼록렌즈는 빛을 한곳으로 모으는 특징이 있다.

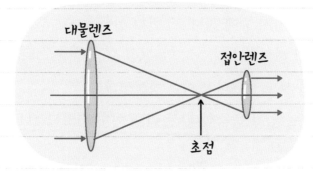

망원경은 대물렌즈로 빛을 모은 다음 접안렌즈로 상을 확대한다.

게 하는 방법이 있지. 이거 계속 이야기하자면 오늘 밤을 새도 모자랄 것 같은데?"

모르니 박사가 눈을 찡긋했다. 세 낙타는 하품을 하며 끔뻑끔뻑 졸고 있었다.

투니는 마음이 조급해져서 재촉했다.

"박사님, 저희 이제 세 가지 아이템을 빨리 결정해야 해요."

마루가 이마를 짚으며 푸념했다.

"아이고 왜 이리 복잡한 거야."

모르니 박사가 아이들을 다독이며 말했다.

"애들아, 너무 어렵게 생각하지 말고 차근차근 살펴보자. 너희가 선택할 경우의 수는 총 몇 가지가 되지?"

루이가 손가락을 접으며 차근차근 말했다.

"음, 첫 번째 선택에서 세 가지 중에 하나를 골라야 하고, 두 번째 선택에서 두 가지 중에 하나, 세 번째 선택에서도 두 가지 중에 하나를 골라야 해요."

그 모습을 보고 모르니 박사가 칭찬했다.

"우와, 루이 엄청 똑똑한데! 우리 루이처럼 하나하나 경우의 수를 생각해 볼까?"

"음, 계산을 해 보면⋯⋯. 우리가 고를 수 있는 경우의 수는 열두 가지네요."

"그럼 열두 가지 중에서 너희가 생각하기에 가장 적합한 경우는 어떤 것인지 상의해서 결정하면 되겠지."

모르니 박사의 말이 끝나기도 전에 마루 일행은 머리를 한데 모았다. 열띤 의논 끝에 드디어 열두 가지 경우 중 하나인 수소, 지도, 망원경을 골랐다.

한참 뒤에 나온 모르니 박사와 투니는 의기양양했다.

마루 일행이 선택할 수 있는 경우의 수

첫 번째 선택 세 가지 (휘발유, 전기, 수소)
두 번째 선택 두 가지 (지도, 지구본)
세 번째 선택 두 가지 (망원경, 돋보기)

세 번의 선택에서 각각 하나씩 고르는 경우의 수는 총 열두 가지
(휘발유, 지도, 망원경), (휘발유, 지도, 돋보기)
(휘발유, 지구본, 망원경) (휘발유, 지구본, 돋보기)
(전기, 지도, 망원경) (전기, 지도, 돋보기)
(전기, 지구본, 망원경) (전기, 지구본, 돋보기)
(수소, 지도, 망원경) (수소, 지도, 돋보기)
(수소, 지구본, 망원경) (수소, 지구본, 돋보기)

곱셈을 사용하면 경우의 수를 쉽게 구할 수 있다.
3(휘발유, 전기, 수소)×2(지도, 지구본)×2(망원경, 돋보기)=12(경우의 수)

"짜잔, 너희가 선택한 아이템으로 투니를 기본 세팅했어."

모르니 박사가 투니를 향해 손짓했다.

"성능을 한번 볼까?"

투니는 수소를 충전하는 주입구와 사막에서
적합한 대용량 ★연료전지, 그리고 바퀴를 돌릴
강력한 모터를 보여 주었다.

또 사막에서 달리기에 알맞는 최적의 바퀴를
들어 올리며 자랑했다. 새로 세팅된 투니의 모습

★ 연료전지
연료를 열에너지
로 바꾸지 않고 직
접 전기에너지로
바꾸는 전지.

은 반짝반짝 눈이 부셨다.

"와, 멋지다!"

다들 투니 모습에 감탄했다. 그런데 어쩐지 미로의 표정이 밝지 않았다.

그 모습을 본 모르니 박사가 물었다.

"미로야, 뭔가 마음에 안 드는 부분이 있니?"

미로가 머리를 긁적이며 걱정스레 말했다.

"아, 아니요. 투니는 정말 멋져요. 그런데 제가 수소자동차의 구조는 잘 몰라서 걱정돼요. 혹시 레이싱 중에 고장이 나면 난감해질 것 같아서요."

"그런 거라면 걱정 마렴. 자, 이리로 와 봐."

모르니 박사가 미로 일행을 정비소 안쪽으로 데려갔다.

"휘발유 엔진은 보통 네 개의 피스톤이 교대로 흡입-압축-폭발-배기 과정을 거쳐. 이때 위아래로 왔다 갔다 하는 왕복운동이 크랭크축을 통해 둥글게 도는 회전운동으로 바뀌는 거야."

모르니 박사는 온몸을 이용해서 바퀴가 움직이는 모습을 흉내 냈다.

또 설명이 길어질까 봐 루이가 얼른 대꾸했다.

"아, 그래서 바퀴가 돌아가는 거구나."

"그런데 너희가 선택한 수소자동차는 기존 자동차와 아주 큰 차

경우의 누로 레이싱에서 이겨라

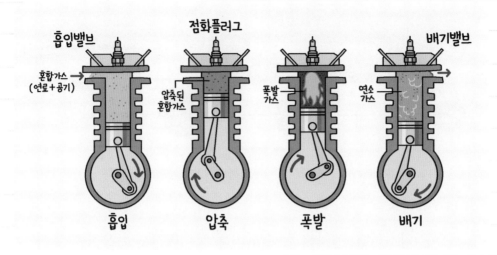

휘발유 엔진은 흡입-압축-폭발-배기 과정을 거친다.

이점이 있지."

모르니 박사의 말에 미로가 조급하게 물었다.

"아주 큰 차이점이요?"

모두 멀뚱멀뚱 서로 얼굴만 쳐다보았다.

"바로, 연료전지!"

"건전지 같은 거죠?"

미로의 대답에 모르니 박사는 또다시 설명을 시작했다.

"역시 잘 모르는군. 수소를 충전하거나 물을 넣으면 연료전지에서 화학반응이 일어나. 이때 전기를 만들어 내는데 이 전기의 힘으로 모터를 돌리고 바퀴가 움직이는 거란다."

81

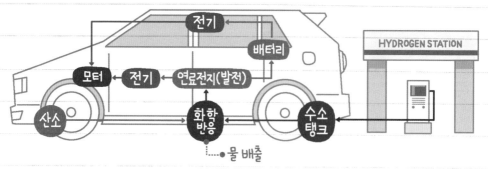

수소자동차는 연료전지에서 만들어진 전기의 힘으로 움직인다.

"아! 알겠어요. 생각해 보니까 저희 동네에서도 자동차에 물을 넣거든요."

미로는 마루에게 윙크했다. 마루는 모르니 박사의 설명을 다 알아 듣지는 못했지만, 투니의 힘이 강력하다는 것은 확실히 알게 됐다.

미로는 이번 대회에서는 반드시 우승할 것 같은 예감이 들었다.

"이제 팀원이랑 자동차도 구하고, 아이템 세팅까지 마쳤으니 레이스를 시작해 볼까?

다음 중 환경을 생각하는 자동차를 모두 골라 보자.

① 증기자동차　　② 휘발유 자동차　　③ 경유 자동차

④ 전기자동차　　⑤ 수소자동차

4 위치를 알려 줘 GPS

세팅을 마친 투니가 출발선 앞에 섰다. 출발을 앞두고 모두 잔뜩 긴장했다.

삐이이!

투니가 출발 신호와 동시에 힘차게 달려 나갔다. 곧이어 다른 자동차들이 앞쪽으로 빠르게 치고 나갔다. 그러더니 한순간에 제각각 방향을 틀었다.

미로가 마루를 다급하게 불렀다.

"마루야, 지도 좀 봐. 어느 쪽으로 가야 해?"

"내가 볼게."

마루 옆에 있던 루이가 얼른 지도를 꺼내 이리저리 살폈다.

"도대체 여기가 어디인지 모르겠는데?"

한참이나 지도를 보던 루이가 어쩔 줄 몰라 하며 지도를 마루에 게 넘겼다. 마루는 금방 지도에서 결승점을 찾았다.

"음, 여기가 결승점인가 봐. 북쪽으로 올라가야 하네."

미로가 마루의 말을 듣고 얼른 눈썹이길어에게 부탁했다.

"눈썹이길어야, 밖을 보고 방향 좀 알려 줄래?"

눈썹이길어가 창밖을 이리저리 둘러보더니 안타까운 표정으로 말했다.

경우의 수로 레이싱에서 이겨라

"다른 차들 때문에 모래바람이 너무 심해. 도무지 앞이 보이질 않네. 어쩌지?"

"다른 차들은 제각각 여러 방향으로 가는 거 같은데 우린 어디로 가야 할까?"

미로는 무척 난감했다. 빨리 따라잡지 않으면 제 시간에 결승점에 도착하지 못할 것 같았다.

미로가 마루를 불렀다.

"마루야, 혹시 계기판에 G라고 적힌 버튼이 있니?"

"G라고?"

루이가 계기판을 훑어보더니 말했다.

"여기 있어. 누를까?"

마루가 깜짝 놀라며 루이를 말렸다.

"잠깐! 그게 뭔 줄 알고 막 누른다는 거야?"

"아까 정비소에서 모르니 박사님이 퀴즈를 잘 맞혔다고 선물로 달아 주신 거야. 위치를 찾는 거라고 하셨어."

마루가 골똘히 생각하면서 말했다.

"위치를 찾는 거라고? 가만, G로 시작하니까 GPS 아닐까?"

루이가 버튼을 누르려던 손을 멈칫하며 미로를 쳐다보았다.

"GPS가 뭐야?"

미로가 둘의 대화에 끼어들었다.

"응, GPS 맞아. GPS(Global Positioning System)는 위성을 이용해서 지상의 위치 정보를 알 수 있는 장치를 말해. 처음에는 군사 목적으로만 사용하다가 2000년대 들어서 일반인도 사용할 수 있게 됐어."

마루가 손뼉을 치며 말했다.

"아! 아빠 차에 있는 내비게이션 같은 거구나."

"그렇지. 우리처럼 지도를 보면서 이동하면 시간도 많이 걸리고, 어디로 가야할지 모르는 상황이 생기잖아. 그런데 내비게이션이 있으면 달라."

"뭐가 다른데?"

"내비게이션은 GPS와 지도가 결합된 인공지능 지도라고 할까? 지도는 목적지가 어딘지만 알려 준다면 내비게이션은 네 개의 GPS 위성으로부터 신호를 받아서 가는 길까지 정확하게 안내해 주거든."

"박사님이 우리가 헤맬 걸 알고 GPS를 달아 주신 거구나."

"역시 ★선견지명이 있는 분이셔."

"근데 미로야, 왜 GPS 위성을 네 개나 사용하는 거야? 하나로는 부족해?"

★ **선견지명**
미래에 있을 일을 미리 짐작하는 지혜를 이르는 말.

"마루야, 너 삼각형 그릴 줄 알지?"

경우의 누로 레이싱에너 이겨라

세 변의 길이가 정해진 삼각형 그리는 법

① 먼저 한 변을 긋는다.

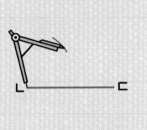

② 컴퍼스를 다른 한 변의 길이만큼 벌린 다음, 먼저 그은 변의 한 꼭짓점을 중심으로 선을 긋는다.

③ 컴퍼스를 나머지 한 변의 길이만큼 벌린 다음, 먼저 그은 변의 다른 쪽 꼭짓점을 중심으로 선을 긋는다.

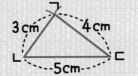

④ 컴퍼스로 그은 두 선이 만난 지점을 꼭짓점으로 하여 두 직선을 긋는다.

"그럼 당연하지."

"그렇다면 바로 이해할 수 있어."

미로가 손바닥에다 삼각형을 그리며 말을 이었다.

"세 변의 길이가 정해진 삼각형을 그릴 때 먼저 한 변을 긋고 그 변의 양 끝을 중심으로 컴퍼스로 선을 긋잖아. 이때 컴퍼스로 그은 두 선이 만나는 지점이 마지막 꼭짓점이 되는 거고. 이처럼 세 개

87

의 GPS 위성이 우리가 있는 곳의 정확한 위치 정보를 알려 주는 거야."

"그러니까 세 위성이 보내는 위치와 거리를 분석해서 만나는 점이 우리가 있는 곳이구나."

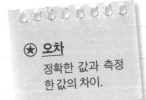

★ **오차**
정확한 값과 측정한 값의 차이.

"응, 그런데 위치와 거리를 계산할 때 시간 ★오차가 생겨서 이를 정확히 계산해 주는 인공위성이 하나 더 필요해."

"우와, 그래서 네 개나 필요한 거구나."

"내가 사는 동네에서는 차뿐만 아니라 사람들도 모두 GPS를 하나씩 가지고 있어. 모르는 길도 쉽게 찾아갈 수 있고, 가족이 어디 있는지도 알려 주어서 걱정하지 않아도 되고. 위험할 때는 위치 정보가 경찰서로 연결돼. 그래서 몇 분 안에 경찰이 출동해서 도와줘."

"와, 대단하다!"

"반려동물을 잃어버려도 목에 달린 GPS 덕분에 안전하게 찾을 수 있어."

"정말? 편하겠네."

"신기하네."

마루와 루이의 감탄에 미로가 신이 난 듯 목소리에 힘을 주어 말했다.

"에이, 그 정도로 뭘. 내가 사는 곳은 여기 게임 세상의 투니처럼

경우의 누로 레이싱에서 이겨라

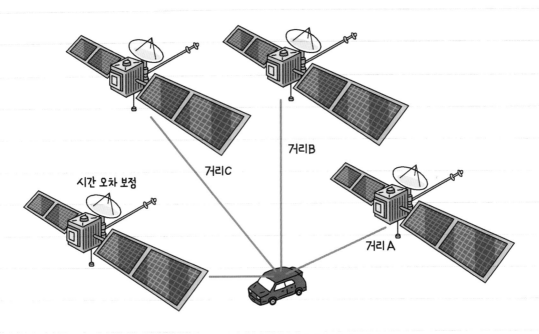

시간 오차 보정

거리C

거리B

거리 A

네 개의 GPS 위성으로 정확한 위치를 알 수 있다.

자동차를 직접 운전하지 않고 편하게 책을 읽으며 가지!"

"정말?"

미로는 마루와 루이에게 자기가 사는 곳의 모습을 조금 더 알려

주었다.

"조만간 너희도 투니처럼 스스로 움직이는 자율주행차를 타고

다닐걸!"

"그게 가능해?"

"바로 GPS 덕분이지. 도착지만 설정해 주면 자동차가 알아서 빠

른 길로 가거나 편안한 길로 갈 가."

마루는 아무래도 자동차가 알아서 간다는 것이 잘 이해되지 않았다.

"직접 운전을 하지 않으면 위험 상황에서 사고가 나지 않을까?"

"걱정 마. GPS만 있으면 교통 상황을 자동차가 스스로 인지해서 달리거든. 빨간 신호등이 켜지면 스스로 멈추고 말이야. 특히 빅데이터로 여러 상황을 분석하고 사고를 막을 수 있어."

미로의 말에 마루는 미래 세계에 대한 궁금증이 커졌다.

"마루야, 너 인터넷 사용하지?"

"갑자기 인터넷은 왜?"

"오빠 스마트폰은 데이터를 무제한으로 쓸 수 있어."

"그럼 인터넷 좀 켜 줄래? 그리고 투니야, 인터넷에 접속해 줘."

"응, 알았어!"

투니는 곧바로 인터넷에 접속했다.

새로운 가치를 창출하는 빅데이터

기존의 방식으로는 관리할 수 없는 방대한 양의 데이터를 빅데이터라고 부른다. 다양한 분야에서 어마어마한 데이터를 만들고, 수집하고, 분석하는 빅데이터 기술은 모든 것을 더욱 정확하게 예측하고 효율적으로 작동하게 한다. 또 개인에게 맞춤형 정보를 제공하며 새로운 가치를 창출해 낸다.

경우의 누로 레이닝에너 이겨라

"인터넷이 연결된 것 같으니 얼른 GPS를 이용하자."

마루가 G 버튼을 꾹 눌렀다. 그러자 지도가 눈앞에 펼쳐졌다.

루이가 손가락으로 지도에 표시된 결승점을 가리켰다.

"오빠, 저기야. 여기서 북쪽으로 가야 되는 것 같아."

"알았어, 그럼 북쪽으로 가자!"

사막 위를 달린지 어느덧 30분을 지나고 있었다.

발바닥두꺼워가 느긋한 표정을 지으며 콧노래를 불렀다.

"GPS 덕분에 방향을 잃을 염려는 없겠다."

그때 갑자기 투니에게 충격이 가해졌다.

쿵!

"아이코"

"엄마야!"

다들 저마다 비명을 지르며 깜짝 놀랐다.

"뭐야?"

자동차 안에 있던 친구들의 몸이 앞으로 쏠렸다. 앞을 바라보니
커다란 선인장이 투니를 가로막고 있었다.

"웬 선인장이야?"

긴다리멋져가 다리를 움츠리며 걱정스럽게 말했다.

"혹시 방해꾼 무어카?"

"맞아, 무어카 군단의 방해 공격이 시작되었나 봐."

루이가 겁이 난 표정으로 창밖을 흘끔 쳐다보았다.

"정말? 어떡해!"

갑자기 커다란 선인장이 목소리를 냈다.

"으하하하! 만나서 반갑다."

마루가 큰 소리로 물었다.

"네가 무어카냐?"

"그래, 우리가 바로 무어카 군단이다!"

커다란 선인장 모습을 한 무어카 군단이 반짝이는 가시를 뽐내

경우의 누로 레이싱에서 이겨라

며 위협했다.

무어카 군단은 의기양양하게 큰 소리를 쳤다.

"내 공격을 피해 이 길을 빠져나갈 수는 없을걸!"

갑자기 뒷자리에 앉아 있던 발바닥두꺼워가 어이없다는 듯이 물었다.

"어이, 선인장! 우리가 이긴다면 어쩔래?"

"뭐? 나를 이긴다고? 푸하하하!"

맨 앞에 서 있는 선인장이 뾰족한 가시를 투니 앞으로 바짝 밀어 댔다.

발바닥두꺼워가 갑작스럽게 질문을 던졌다.

"무어카 군단의 세 가지 공격에 우리가 이기는 경우의 수는?"

예상치 못한 상황에 무어카 군단이 당황했다.

"뭐, 뭐라고?"

"제법인데! 하지만 질문은 우리가 하는 거야."

발바닥두꺼워가 다시 한번 무어카 군단의 마음을 흔들었다.

"에이, 몰라서 그러는 거지? 우리가 이길 경우의 수는 여섯 가지 중에 세 가지야."

무어카 군단이 어리둥절한 표정을 지었다.

"뭐야! 이거 안 되겠는걸."

"얼른 본때를 보여 주자."

93

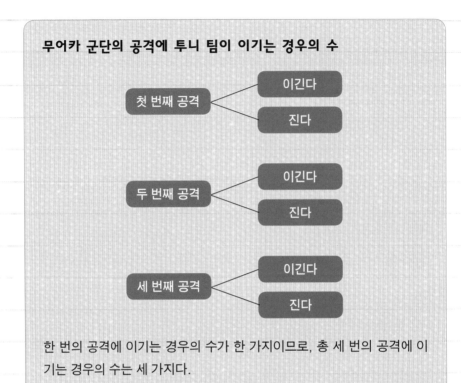

무어카 군단의 공격에 투니 팀이 이기는 경우의 수

첫 번째 공격
- 이긴다
- 진다

두 번째 공격
- 이긴다
- 진다

세 번째 공격
- 이긴다
- 진다

한 번의 공격에 이기는 경우의 수가 한 가지이므로, 총 세 번의 공격에 이기는 경우의 수는 세 가지다.

“그래, 본격적으로 공격을 시작하지. 잠시만 기다려라!”

무어카 군단이 순식간에 어딘가로 사라졌다.

“어휴, 큰일 날 뻔했네.”

미로가 작년에 겪었던 일들을 생각하며 치를 떨었다

“그래도 안심할 수 없어. 곧 다시 공격을 시작할 거야.”

“첫 번째 공격은 무얼까?”

마루는 겪어 보지 못한 무어카 군단의 공격이 두려웠다.

경우의 누로 레이싱에서 이겨라

"자, 그럼 다시 출발할게. 안전벨트 잘 매고."

투니가 힘차게 출발했다. 내비게이션이 안내한 대로 투니는 쌩쌩 달렸다. 한참 매섭게 불던 모래바람도 언제 그랬냐는 듯이 잠잠했다.

"어, 저게 뭐지?"

"뭔데?"

"선인장이 보였다가 사라졌다 그러네."

"⭐신기루일거야. 빛이 굴절하면서 생기는 현상인데 사막에서 자주 있는 일이지."

미로는 사막에서 흔히 보이는 현상이라 대수롭지 않게 생각했다.

> ⭐ **신기루**
> 빛이 밀도가 다른 공기층을 통과하면서 굴절하여 생기는 현상.

갑자기 투니가 급하게 소리쳤다.

"애들아, 뭔가 이상해. 자꾸 힘이 들고 몸이 왼쪽으로 기우는 것 같아."

"무슨 일이야, 투니!"

"투니, 잠깐 멈춰 봐!"

발바닥두꺼워가 내려서 투니를 한 바퀴 둘러보았다.

"아이코 큰일 났어!"

"응? 왜 그래?"

"이리 좀 와서 봐. 바퀴가 고슴도치가 됐어."

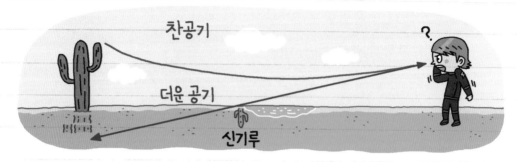

밀도가 다른 공기층에서 빛이 굴절하면 신기루가 생긴다.

미로가 바퀴를 보더니 말했다.

"타이어 공기도 거의 다 빠졌네. 투니야, 바퀴 하나 더 있지?"

"응, 물론이지."

마루가 어깨를 축 늘어뜨리며 말했다.

"바퀴를 교체하려면 시간이 좀 걸리겠는걸."

"걱정 마, 마루야. 여기 트렁크 좀 열어 볼래?"

마루가 트렁크에서 전동드릴과 바퀴를 꺼냈다.

드르르륵, 드르르륵, 드르르륵.

"왜 나사가 안 빠지지?"

"혹시 오른쪽으로 돌린 거 아냐?"

"응, 선풍기 날개를 풀 때처럼 오른쪽으로 돌렸어."

"자동차 바퀴는 왼쪽으로 돌기 때문에 나사를 왼쪽으로 풀어야

돼. 나사는 물체가 회전하는 방향으로 돌려야 풀리거든."

경우의 누로 레이싱에서 이겨라

<u>드르르륵, 드르르륵, 드르르륵.</u>

"자, 이제 됐다. 다 풀었어."

"고생했어, 마루야. 으흠, 타이어에 웬 가시가 이렇게나 많이 꽂혔지?"

갑자기 이상한 웃음소리가 들렸다.

"푸하하!"

"뭐야, 무어카 너희 짓이야?"

"그래, 첫 번째 공격 맛이 어떠냐?"

"용케 바퀴를 잘 풀었구나! 하하하."

무어카 군단은 두 번째 공격도 자신 있는지 힘 있게 말했다.

"두 번째 공격은 무얼까?"

"이번엔 빠져나가지 못할 걸?"

무어카 군단이 두 번째 공격을 하려나 싶더니 갑자기 사라졌다.

미로는 사라진 무어카 군단 때문에 마음이 더 조급해졌다.

"투니야, 더 이상 지체할 시간이 없어!"

"응, 알았어."

미로와 마찬가지로 투니도 작년처럼 어이없게 질 수는 없었는지 작심한 듯 변신했다.

철컥, 철컥.

"엇, 저기 뒤 좀 봐!"

"뭐지? 뭔가 뿌옇게 보이는데⋯⋯."

눈썹이길어가 망원경을 들고 바라보니 모래 폭풍은 구름처럼 물려오고 있었다. 미로와 마루도 그쪽을 쳐다보았다. 모래 폭풍은 점점 가까이 먹구름처럼 다가왔다.

"투니, 모래 폭풍이야."

"걱정 마, 미로! 준비 됐어."

투니는 네 바퀴가 모두 움직이는 저속 사륜구동 모드를 작동시켰다.

미로가 고개를 갸웃거리며 말했다.

"투니, 뭐가 바뀐 거야? 갑자기 힘이 세진 것 같아."

"바퀴가 모래에 빠지지 않게 하려고 네 바퀴에 힘을 전달하는 거야. 평소에는 두 바퀴에만 힘을 전달하거든."

루이는 태풍처럼 불어오는 모래 폭풍 때문에 눈을 질끈 감았다.

"으앗, 눈앞에 모래 폭풍이 있어!"

"애들아, 차 안으로는 모래가 들어오지 않으니 걱정 마."

"투니야, 유리창에도 모래가 안 붙네?"

"그럼, 이물질이 붙지 않게 유리 표면에 코팅을 해 놨어."

"코팅?"

"응, 유리 표면에 광택을 내고 유리막 코팅을 하면 마찰이 적어져서 다른 물질들이 붙지 않아."

자동차 바퀴의 구동 방식

전륜구동
엔진에서 나오는 힘(동력)으로 앞바퀴를 움직이고 뒷바퀴는 따라가는 방식. 앞부분에 무게가 실려 방향 전환에 유리하다.

후륜구동
엔진의 힘을 구동축을 통해 뒷바퀴에 전달하는 방식. 무게가 앞뒤로 적당히 분산되어 승차감이 좋다.

사륜구동
엔진의 힘을 모든 바퀴에 전달하는 방식. 앞뒤 바퀴가 모두 움직이기 때문에 비포장 도로, 산길 등 험한 길을 달릴 때 유용하다.

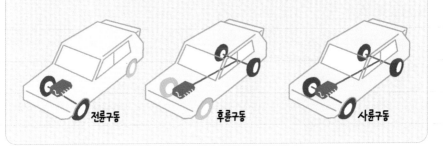

미로가 심각한 표정을 지으며 말했다.

"이것도 아마 무어카 군단의 짓일 거야. 조금 있으면 사라질 테니 걱정 마."

모래 폭풍이 더 세차게 불었다. 한 치 앞도 보이지 않았지만 투니는 꺼떡없이 달렸다.

"저기 뭔가 움직이는 게 보여."

"무어카다!"

모래 폭풍 속에서 무어카 군단이 보였다.

"눈치챘구나."

"이번에야말로 모래 속에 빠트리나 했는데 아깝다."

뒤편으로 무어카 군단이 쫓아오기를 포기하는 모습이 보였다.

그 모습을 보고 다들 안도의 한숨을 쉬었다.

낙타들은 고개를 뒤로 젖히고 벌러덩 누웠다.

"휴, 다행이다."

미로는 식은땀을 흘리며 환호성을 질렀다.

"투니, 네가 해냈어!"

"미로야, 네 덕분이야!"

투니와 미로는 이번에는 꼭 우승하고야 말겠다며 주먹을 불끈 쥐었다.

"아직 안심하기는 일러."

"맞아, 곧 세 번째 공격을 할 거야."

루이도 주먹을 쥐면서 응원했다.

"나도 도울 테야."

"여기서부터는 평지니까 결승점까지는 무난히 갈 수 있어."

투니는 두 바퀴로 움직이는 고속 이륜구동 모드로 변경했다. 더

경우의 누로 레이닝에너 이겨라

이상 지체할 시간이 없어 보였다.

"어, 저건 또 뭐야."

"과속카메라네. 구간 단속이 시작된 것 같아. 속도를 줄여야겠어."

마루는 자포자기했다.

"구간 단속 때문에 이렇게 천천히 가면 제 시간에 도착하기는 어렵겠는걸."

미로는 벌써 포기하기에는 너무 이르다고 생각했다.

구간 단속을 하는 이유

구간 단속은 특정 구간의 평균 속도를 측정해 과속을 적발하는 방식이다. 한곳에만 과속카메라를 설치할 경우 카메라 앞에서만 속력을 줄일 수 있다. 일정한 구간을 두고 과속카메라를 설치하면 그 구간에서의 평균 속력이 최고 속력을 넘지 않아야 하기 때문에 안전 운전을 할 수 있다.

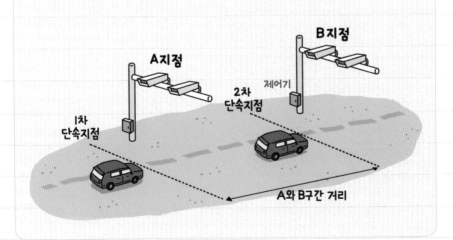

4. 위치를 알려 줘 GPS

"투니, 구간단속 거리 좀 구해 줘."

"잠깐만, 5km야."

"제한 속력은 65km/h네. 어쩐다……."

미로는 어떻게 이 구간을 빠져나갈지 고민됐다.

"투니, 60km/h일 때 이동 시간을 구해줘."

"잠시만, 단속 구간이 5km이니까 5분이면 빠져 나갈 수 있어."

"좋아! 투니, 한번 달려 보자."

"투니야 파이팅!"

다들 가슴이 조마조마했지만 열심히 응원했다. 투니의 노력 끝에 드디어 단속 구간을 통과했다.

"고생했어, 투니야!"

"이럴 수가 마지막 공격도 막다니!"

무어카 군단은 멀어져 가는 투니를 허무한 표정으로 바라봤다.

미로가 계기판을 가리키며 말했다.

"얘들아, 버튼이 하나 더 생겼어!"

단속 구간에서 벗어나는 시간

시속 60km로 달리면 1시간(60분)에 60km를 가므로 1분에 1km를 갈 수 있다. 단속 구간은 5km이므로 5분이면 단속 구간에서 빠져나갈 수 있다.

경우의 누로 레이싱에서 이겨라

투니의 계기판에 SHIP이라고 쓰인 버튼이 생겼다.

"야호! 우리가 무어카 군단의 공격을 막아 냈어!"

낙타들은 신이 나서 서로 박수를 치며 좋아했다.

루이가 시계를 보며 말했다.

"자, 이제 시간이 얼마 남지 않았어. 투니야, 힘내!"

루이의 응원을 듣고 투니가 힘을 내어 속도를 올렸다.

결승점이 가깝게 보였다.

"이제 3분 남았어. 거리는 1km 남았고. 결승점까지 제때 도착할 수 있겠지?"

"걱정 마, 문제없이 도착할 수 있어!"

"그래, 마지막까지 힘내 투니야!"

투니는 친구들의 응원을 받으며 최고 속력으로 씽씽 달렸고 금방 결승점에 도착했다.

"와, 우리가 해냈어!"

퀴즈 4

다음 중 교통안전을 위해 특정 구간의 평균 속력을 측정하는 방법은 무엇일까?

① 과속카메라　　② 구간 단속　　③ 신호 위반

④ 중앙선 침범　　⑤ 유턴

경우의 누로 레이닝에너 이겨라

5. 배를 뜨게 하는 힘

결승점을 지나 조금 더 나아가니 갑자기 주변이 환해졌다.

미로가 친구들을 불렀다.

"우와, 애들아 저기 좀 봐."

눈앞에 펼쳐진 모습은 너무나 아름다웠다. 사막 끝에 바다가 있

다니 다들 믿어지지가 않았다.

"저기 보이는 게 바다야?"

"와! 시원하다."

"갑자기 물이라니 무서워."

바다를 보고서 저마다 한마디씩 쏟아 냈다.

"여기가 어디야?"

105

이곳이 물의 도시
베니수

와!

"물의 도시 베니수?"

앞에 세워진 커다란 표지판에는 물의 도시 베니수라고 적혀 있었

다. 갑자기 지도의 한 지점이 반짝거렸다.

"여긴가 봐."

마루가 반짝이는 곳을 손으로 가리키며 지도를 보여 주었다.

"드디어 두 번째 레이스야."

하늘 위 커다란 전광판에는 두 번째 레이스를 알리는 안내문이

경우의 수로 레이싱에서 이겨라

보였다. 이번 레이스는 바다에서 펼쳐진다고 적혀 있었다.

선수들이 배 위에서 노를 저어 세 지점을 돌고, 출발점으로 다시 돌아와야 했다. 첫 번째 레이스와 달리 이번 레이스부터는 토너먼트로 이루어졌다.

투니는 안내판을 꼼꼼히 읽으며 이번에는 꼭 우승하고야 말겠다고 다짐했다.

안내문을 본 루이가 고개를 갸웃거리며 물었다.

"미로 오빠, 토너먼트가 뭐야?"

"야, 토너먼트도 모르냐?"

"흥, 오빠한테 안 물었어!"

루이는 핀잔주는 마루에게 입술을 삐죽 내밀고는 미로 쪽으로 고개를 돌렸다.

"음, 그거 나도 아는데!"

갑자기 긴다리멋져가 잘 안다는 듯 말했다.

"지난번에 내가 달리기 경주에서 1등을 했거든. 그때 토너먼트 덕을 본 것 같아."

긴다리멋져가 어깨를 으쓱하며 웃었다.

"그래서 토너먼트가 뭔데?"

루이가 궁금한 마음에 뜸을 들이며 설명하는 긴다리멋져를 재촉했다.

"토너먼트는 전체 참가 팀이 추첨을 통해서 두 팀씩 짝을 지어 경기하고, 이긴 팀이 또 다른 이긴 팀과 경기를 해서 최종 우승자를 결정하는 거야."

"아, 그럼 일곱 팀이면 어떻게 해? 한 팀이 남잖아."

"홀수일 경우 한 팀은 경기를 하지 않고 부전승으로 올라갈 수 있어."

"부전승?"

"응, 부전승은 짝이 없는 한 팀이 경기를 치르지 않고 다음 라운드로 올라가는 것이지."

"부전승이 되면 완전 행운이겠는걸!"

"맞아."

"반대로 부전승이 안 된 팀은 억울하잖아. 왜 이런 방식으로 경기를 하는 거야?"

"토너먼트는 짧은 시간에 우승 팀을 가릴 수 있어. 이렇게 두 팀씩 경기를 하면 한 팀은 떨어지잖아. 그래서 어떤 팀과 경기를 하느냐에 따라 각 팀의 실력이 충분히 발휘되지 못할 수도 있어."

"아, 그렇구나. 지금은 여덟 팀이니까 부전승은 없을 테고, 그럼 앞으로 경기를 몇 번이나 더 하게 돼?"

"이번 레이스에서는 네 개의 경기가 각각 치러질 거야. 앞으로 세 번의 레이스가 지나면 최종 우승 팀이 나타나겠네."

마루가 벌써 우승한 것처럼 들떠 하며 큰 소리로 물었다.

"우리 팀이 계속 이길 경우 세 번이면 최종 우승 팀이 된다는 말이지?"

미로가 자신 있는 표정으로 친구들을 둘러보며 말했다.

"맞아, 우승을 향해 열심히 해 보자."

배들이 모인 곳을 바라보던 투니가 말했다.

"그렇지만 행운이 필요하겠어."

다들 고개를 빼고 투니를 따라 한쪽을 바라보았다. 한눈에 보기에도 날렵하고 반짝반짝한 배가 눈에 띄었다.

마루가 고개를 돌리며 말했다.

"와, 저 배 엄청 좋아 보여."

"'머큐'라는 팀인데 바다 레이스에 최적화된 팀이야. 배의 기능
이나 기술 등 여러 면에서 우수해 다른 팀들이 꺼리는 편이지."

투니의 말에 다들 침울한 표정을 지었다.

마루가 발을 구르며 씩씩거렸다.

"뭐야, 우리가 머큐 팀과 붙으면 이번 레이스에서 끝난다는 거
네. 와, 너무 억울한데!"

눈썹이길어가 눈을 끔뻑거리며 말했다.

"리그전이면 좋을 텐데……."

루이는 또 호기심이 발동했다.

"리그전? 그건 또 뭐야?"

"리그전은 각 팀이 서로 한 번 이상씩 경기를 하는 거야. 컨디션이
좋지 않아 이번 경기에서 지더라도 다음 경기를 치를 수 있어. 여
러 번의 경기를 통해 이긴 횟수가 가장 많은 팀이 우승하게 돼."

"와, 그럼 토너먼트보다 훨씬 더 충분한 실력을 뽐낼 수 있겠어."

마루가 궁금하다는 표정을 지으며 물었다.

"여덟 팀이 경기를 하면 총 몇 번의 경기를 하는 거야?"

"스물여덟 번을 해야 해."

경우의 누로 레이싱에너 이겨라

전체 경기 수 구하는 법

토너먼트

전체 팀의 수−1=전체 경기 수

리그전

{(전체 팀의 수)×(전체 팀의 수−1)}÷2＝전체 경기 수

발바닥두꺼워가 심드렁하게 말했다.

"상당히 많이 하네."

"그래서 이번 경기도 리그전 대신 토너먼트로 진행하는 건가 봐."

루이가 한숨을 쉬며 중얼거렸다.

"토너먼트로 하면 억울한 팀이 생기고, 리그전으로 하면 너무 오래 걸리네."

마루는 루이의 말을 듣고 떠오르는 것이 있었다.

"아, 요즘은 이런 단점을 보완하려고 두 방식을 합쳐서 진행하기도 해."

"오빠, 그런 것도 있어?"

"월드컵 경기!"

축구를 좋아하는 마루는 텔레비전에서 봤던 월드컵 경기가 떠올랐다.

"월드컵은 먼저 각 대륙별로 리그전을 해서 서른두 팀을 뽑아."

미로도 관심을 보였다.

"모두 실력이 쟁쟁한 팀들이겠지?"

"응, 대륙별로 뽑았으니 얼마나 공을 잘 차겠어. 그 다음 서른두 팀 중에 네 팀씩 조별 리그전을 해서 최종 열여섯 팀을 뽑지."

발바닥두꺼워가 고개를 절레절레 흔들며 말했다.

"와, 굉장히 경기를 많이 해야 우승팀을 뽑을 수 있겠네. 시간도 엄청 오래 걸리고."

"하지만 16강부터는 토너먼트야. 이때부터는 두 팀 중 한 팀만 다음 라운드로 올라갈 수 있어."

"아, 리그전과 토너먼트를 합친 형식이구나."

루이도 이해하겠다는 듯 고개를 끄덕이며 말했다.

"음, 그럼 덜 억울할 수 있겠다."

미로는 긴장한 듯 손을 비비며 씁쓸한 미소를 지어 보였다.

"아무튼 한 번의 기회밖에 없으니 리그전보다 토너먼트가 더 긴장되겠다. 지금처럼 말이야."

마루가 미로를 바라보며 말했다.

"걱정 마, 토너먼트에서도 우리가 이길 수 있어. 머큐 팀이랑은 절대 붙지 않을 거야!"

"정말?"

"어떻게 알아?"

경우의 누로 레이싱에서 이겨라

조별 리그

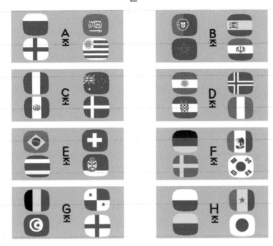

본선 토너먼트

월드컵은 리그전과 토너먼트 방식을 합쳐서 진행한다.

긴장을 풀어 주려고 엉겁결에 장담한 마루에게 친구들의 시선이 쏟아졌다.

"그, 그야……."

마루가 뭐라고 말해야 좋을지 몰라 우물쭈물하는 사이 토너먼트 대진표가 전광판에 나타났다.

다들 대진표를 보고 깜짝 놀라며 마루에게 한마디씩 했다.

"우와!"

"정말이네!"

"오빠, 어떻게 알았어?"

마루도 눈을 비비고 대진표를 다시 한번 보았다.

"행운의 여신이 우리에게 온 건가?"

미로에게 기운을 내라고 한 말이었는데 이렇게 이루어지다니. 마루는 정말 행운의 여신이 우리 편이 된 듯 기뻤다.

세 낙타가 춤을 추며 흥겨워했다. 미로도 그제야 함박웃음을 지으며 엄지를 들어 보였다. 우승이 코앞에 다가온 듯 투니 팀의 분위기는 기대감이 넘쳤다.

"우리 팀은 새넌 팀과 붙네."

"새넌 팀?"

"응, 지난번에 보니까 새넌 팀은 노 젓기는 빠른데 무어카 공격에 약하더라고."

경우의 누로 레이싱에서 이겨라

"이번에는 무어카 공격에 대비해서 준비를 많이 했겠는걸."

"응, 좀 걱정이긴 한데 그래도 해 볼 만한 팀이야. 걱정 마."

미로의 자신감 있는 말에 마루는 안심이 됐다.

"다 같이 파이팅할까?"

"좋아."

"하나, 둘, 셋, 파이팅!"

투니 팀은 자신감과 기대감을 가득 안고 힘차게 정비소로 나아갔다.

모르니 박사가 투니 팀을 반겨 주었다.

"오호! 첫 번째 레이스를 무사히 통과했구나. 축하해."

"박사님께서 주신 GPS 덕분이었어요."

"유용하게 잘 쓴 너희가 잘 한 거지"

"이번에도 좋은 아이템 주실 거죠?"

모르니 박사는 장난스런 미소를 지으며 말했다.

"그럼, 그럼. 하지만 그냥 줄 수는 없지."

"이번 대결은 노 젓기 경주예요. 멋진 노를 추천해 주세요."

"음, 작년에 무어카 군단한테 당했으니까 올해는 준비를 단단히 해야겠지? 그렇다면 좀 특별한 걸로 추천해 주마."

"특별한 거요?"

마루가 기대에 찬 얼굴로 미로와 눈빛을 교환했다.

115

"이리로 오렴."

창고에는 다양한 모양의 노들이 전시되어 있었다.

"와, 노가 이렇게 많아요?"

긴다리멋져가 바닥에 있는 노를 이리저리 돌리며 어떻게 잡아야 할지 몰라 허둥댔다.

"노 잡는 법을 모르니?"

모르니라는 말과 함께 모르니 박사의 강의가 시작됐다.

"노란 물을 헤쳐 배를 앞으로 나아가게 하는 나무로 만든 도구를 말해. 영어로는 보통 패들(paddle)이라고 부르는데, 긴 것은 오어

경우의 누로 레이닝에너 이겨라

동서양 노의 특징

동양 노

노가 배 아래에 있으며 물속에서 8자를 그리면서 움직인다. 다른 배나 물체가 가까이 있어도 노를 계속 저을 수 있으며, 방향 전환에 유리하다.

서양 노

노가 배 옆으로 나 있으며 물속에 넣고 당긴 다음, 물 밖으로 빼내어 돌리는 방식이다. 다른 배나 물체가 가까이 있을 때 노를 젓기에 불리하다.

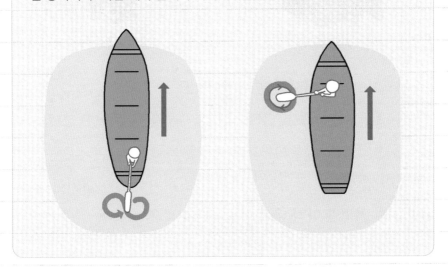

(oar)라고 한단다. 노를 선택할 때 가장 중요한 것은 무게지. 가벼워야 빠른 시간 안에 많이 저을 수 있거든. 무거우면 팔과 어깨에 무리가 갈 수 있고……."

모르니 박사는 노를 직접 잡으며 설명을 이어 가려고 했다.

한참 설명을 듣던 긴다리멋쪄가 답답한 듯 물었다.

"박사님, 그래서 어떻게 잡는 건데요?"

"노는 팁, 그립, 샤프트, 블레이드로 부분을 나눈단다. 그립과 샤프트를 손으로 잡고, 블레이드로 물살을 가르지."

드디어 긴 설명이 끝나고 저마다 노를 하나씩 집어 들었다. 모르니 박사의 시범을 따라 다들 신중하게 따라해 보았다.

"자, 어때? 할 만한가? 천천히 골라 봐."

다들 이것저것 만지고 저으며 신중히 골랐다.

"우선 가벼워야 하고 팔을 벌렸을 때 잡기 편해야 해. 블레이드 시작점이 눈높이에 맞는지도 살펴야 해. 그리고 그립이 턱 밑에 있으면 자기 몸에 적당한 노라고 볼 수 있지."

서로 노를 몸에 맞춰 보면서 알맞는 것을 고르느라 시간이 한참 흘렀다.

경우의 누로 레이싱에서 이겨라

"다음은 훌륭한 배가 필요하겠지? 부력이 큰 게 좋겠군."

"부력이요?"

"뭐야? 부력을 모르니?"

모르니 박사의 설명이 또 시작됐다.

"**부력은 한자로 뜰 부(浮), 힘 력(力)으로 뜨는 힘을 말한단다.** 좀 더 자세히 말하자면 **물 위에서 어떤 물체가 밀어낸 물의 무게만큼, 반대 방향으로 작용하는 힘을 말하지.** 부력은 같은 물체라도 물에 닿는 면적에 따라 달라지는 성질이 있어. 좀 더 자세히 말하자면……."

모르니 박사의 설명이 길어질 듯하자 마루가 얼른 질문했다.

"그런데 박사님, 무어카 군단의 공격을 잘 막으려면 어떤 배가 적당할까요?"

"글쎄다. 마루야, 너는 어떻게 생각하니?"

"제 생각엔 엄청 큰 배가 좋을 것 같아요."

"왜 그렇게 생각하지?"

"크면 힘도 셀 것 같고 멋있어 보이잖아요."

루이는 마루의 대답이 어이가 없었다.

"어휴, 크면 무거우니까 가라앉기도 쉽고 오히려 느리다고. 그렇죠, 박사님?"

"뭐야? 쪼그만 게 뭘 안다고! 넌 큰 배를 보지도 못했잖아."

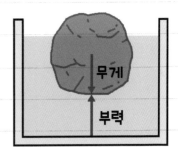

물체가 밀어낸 물의 무게만큼
반대 방향으로 부력이 작용한다.

119

마루와 루이의 실랑이가 계속되자 미로가 얼른 모르니 박사에게 도움을 요청했다.

"박사님, 누구 말이 옳아요?"

"음, 루이 말이 옳기도 하고, 마루 말이 옳기도 해."

"네?"

마루와 루이 그리고 미로도 깜짝 놀라 눈이 휘둥그레졌다.

"큰 배는 작은 배에 비해 무거우니 무게만 놓고 보면 쉽게 가라앉는 게 맞겠지. 또 작은 배에 비해 움직임이 느리겠고."

루이가 마루에게 혀를 내밀며 말했다.

"거 봐, 내 말이 맞지?"

모르니 박사는 장난기 어린 웃음을 지으며 말했다.

"하지만 물에 닿는 면적이 넓어서 부력도 더 크고 쉽게 떠 있을 수 있지. 또 배의 크기만큼 큰 동력으로 힘차게 나아가니 빠르기도 하고. 부차적이긴 하지만 큰 배가 크기 면에서 멋있잖아."

부력과 면적

같은 물체라도 물에 닿는 면적에 따라 부력이 달라진다. 1kg의 쇠로 만든 공을 물 위에 놓으면 물에 닿는 면적이 작아서 가라앉는다. 하지만 같은 무게의 쇠를 넓게 펴서 평평하게 만들면 물에 닿는 면적이 넓어지고, 부력이 더 커지게 되어 물 위에 뜬다.

밀도와 비중

밀도
물질의 질량을 부피로 나눈 값으로 물질마다 고유한 값을 지닌다.

비중
물의 비중을 1로 했을 때 같은 부피의 다른 물질을 물과 비교한 값.

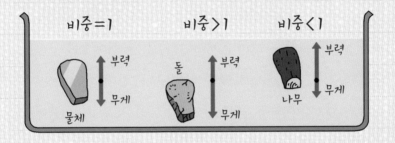

어떤 물체의 비중이 1보다 크면 물보다 밀도가 크다는 의미이기에 물속으로 가라앉는다. 반대로 비중이 1보다 작으면 밀도도 작아서 물 위에 뜬다.

마루도 루이에게 혀를 낼름 내밀며 어깨를 으쓱했다.

"봤지? 내 말이 맞지?"

마루와 루이의 말다툼에서 시작한 이야기가 끝나지 않자 미로가 답답한 듯이 물었다.

"박사님, 그럼 투니가 어떤 배로 변신해야 하는 거예요?"

"음, 내 생각엔 물고기 부레의 원리를 이용하면 좋을 것 같은데."

"부레요?"

"부레를 모르니?"

발바닥두꺼워의 물음에 모르니 박사의 강의가 다시 시작됐다.

"물고기의 몸 안에 있는 공기주머니를 말해. 부레는 몸의 비중을 주위의 물 비중과 같게 해서 움직이기 쉽게 도와줘. 물에서 위아래로 움직일 수 있도록 도와주는 역할을 한단다."

모르니 박사의 설명이 길어질까 봐 미로가 얼른 끼어들었다.

"아이 참, 박사님! 부레하고 배하고 무슨 관계예요?"

"아, 그렇지! 그걸 설명하려던 차였구나. 한마디로 물고기 몸 안에 공기가 가득 차면 물 밖으로 나올 수 있고, 공기가 줄어들면 물속으로 쑥 들어가는 거야. 너희가 물고기처럼 부력과 중력을 적절히 조절해야 한다는 말이란다."

이야기를 듣던 눈썹이길어가 깜짝 놀라며 물었다.

"우리가 물속으로 간다고요?"

발바닥두꺼워는 발을 동동거리며 소리를 질렀다.

"으악, 난 물속은 싫어!"

긴다리멋져도 긴 다리를 껑충거리며 호들갑스럽게 소리쳤다.

"이 다리로 수영을 할 수 있을까?"

마루가 낙타들을 진정시키며 말했다.

"그만, 그만! 걱정 마, 모르니 박사님이 다 해결해 주실 거야."

미로가 마루의 말을 이어받으며 말했다.

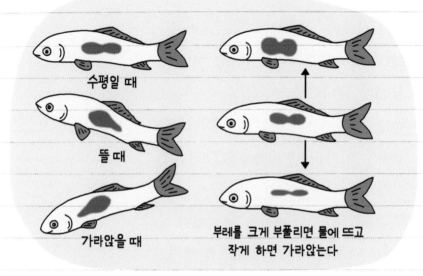

수평일 때

뜰 때

가라앉을 때

부레를 크게 부풀리면 물에 뜨고
작게 하면 가라앉는다

물고기는 부레를 활용해서 물에서 위아래로 움직인다.

"그럼, 우리 모르니 박사님으로 말하자면 모르는 게 없고, 못하
는 게 없는 유명한 분이니까. 그렇죠?"

마루와 미로의 너스레가 통했는지 모르니 박사는 미소를 지으며
헛기침을 했다.

"흠흠, 그래 난 모르니 박사니까! 자, 낙타들을 위해 특별한 선물
을 마련해 놓을 테니 걱정 말도록 해.

"특별한 선물이요?"

"뭔데요?"

"비밀!"

모르니 박사와 투니가 변신을 끝내고 한참 만에 나왔다.

"투니, 다 됐다. 이번엔 꼭 우승할 거야."

모르니 박사가 투니에게 윙크를 했다.

"잘 됐어, 투니야?"

미로는 걱정과 기대가 섞인 마음으로 투니를 천천히 살펴보았다.

"루이야, 여기 SHIP 버튼을 눌러 줄래?"

"이거?"

루이가 조심스럽게 버튼을 꾹 눌렀다.

그러자 자동차 지붕이 열리면서 투니가 길쭉한 바나나 모양의 배로 변신했다.

"와! 멋지다."

다들 투니의 새로운 모습에 감탄했다.

"자, 어서 타."

미로, 마루, 루이가 차례대로 배에 올라탔다.

"으악! 이걸 타라고?"

"우린 못 타. 무서워."

"그래, 우린 사막에 사는 낙타라고."

세 낙타가 벌벌 떨며 한마디씩 했다.

투니는 낙타들을 안심시키고자 자신만만하게 말했다.

"걱정 마, 물에 빠질 일은 절대 없어."

미로도 거들었다.

"그래, 우리만 믿어. 우린 한 팀이잖아."

낙타들은 한참을 주저하다가 어쩔 수 없다는 듯 천천히 배에 오르기 시작했다.

"잠깐!"

갑자기 마루가 배에 오르는 친구들을 막으며 말했다.

"노 젓기 대회라며?"

"응, 그렇지."

"그럼 자리 배치가 중요하지 않을까?"

"자리 배치?"

"이어달리기를 할 때 맨 처음 선수와 맨 끝 선수가 중요하잖아. 노 젓기 대회도 맨 앞과 맨 뒤에 누가 앉느냐가 중요할 것 같아."

마루의 말에 다들 고개를 끄덕였다.

"힘이 가장 센 친구가 맨 앞에 앉는 게 어떨까? 빠르게 앞으로 나아가야 하니까."

"맨 뒤에도 힘 센 친구가 앉는 게 좋겠어. 뒤에서 공격당할 수도 있으니까."

"오른쪽과 왼쪽의 힘이 어느 정도 비슷해야 할 것 같은데? 한쪽만 힘이 세면 앞으로 나가지 못하고 빙빙 돌 거야."

자리 배치를 두고 저마다 한마디씩 말했다.

"일단 자리에 앉는 경우의 수를 생각해 보자."

투니 팀은 자리 배치에 대해 한참이나 의견을 나누었다.

"투니 팀과 새넌 팀은 출발선으로 와 주시기 바랍니다."

투니가 얼른 출발선 쪽으로 움직였다.

"얘들아, 이제 시작하려나 봐."

"준비, 출발!"

두 팀이 동시에 노를 저으며 출발했다. 조금씩 새넌 팀이 앞으로 나아가기 시작했다. 투니 팀은 있는 힘껏 노를 저으며 새넌 팀을 따라갔다.

새넌 팀이 범고래 쪽으로 방향을 틀었다.

경우의 수로 레이싱에서 이겨라

"새넌 팀은 범고래부터 상대할 건가 봐."

"다행이네. 우리는 해파리 쪽부터 가기로 했지?"

"아니야, 가장 센 공격을 할 것 같은 상어 쪽으로 먼저 가기로 했잖아."

발바닥두꺼워가 별일 아니라는 듯 천천히 말했다.

"으음, 그랬나? 다시 생각해 보니 약한 쪽부터 가는 게 더 좋을

자리에 앉는 경우의 수

여섯 명에게 주어진 자리는 여섯 자리다.

① A에 앉을 수 있는 사람은 여섯 명이다.

② B에 앉을 수 있는 사람은 A에 앉은 사람을 제외하고 다섯 명이다.

③ C에 앉을 수 있는 사람은 A, B에 앉은 사람을 제외하고 네 명이다.

④ D에 앉을 수 있는 사람은 A, B, C에 앉은 사람을 제외하고 세 명이다.

⑤ E에 앉을 수 있는 사람은 A, B, C, D에 앉은 사람을 제외하고 두 명이다.

⑥ F에 앉을 수 있는 사람은 A, B, C, D, E에 앉은 사람을 제외하고 한 명이다.

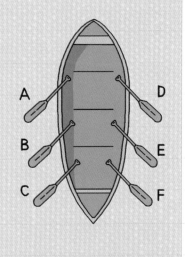

곱의 법칙으로 계산하면 $6 \times 5 \times 4 \times 3 \times 2 \times 1 = 720$. 자리에 앉는 경우의 수는 720가지다.

것 같아."

투니 팀은 발바닥두꺼워의 의견에 따라 해파리가 있는 곳으로 갔다.

첫 번째 지점에 도착하자 무어카 군단의 공격이 시작됐다. 해파리로 변한 무어카 군단이 흐물거리며 투니 팀의 배와 노를 감쌌다.

투니는 몸을 이리저리 틀었지만 해파리 때문에 도통 움직일 수가 없었다.

"으하하! 고작 이 정도냐? 해파리에도 힘을 못 쓰다니."

멀리서 커다란 말풍선 폭탄이 날아오고 있었다.

"어떡하지? 이제 공격을 시작하려나 봐."

투니 위로 날아온 말풍선 폭탄에는 문제가 적혀 있었다.

"얘들아, 저기 좀 봐."

"작은 배와 큰 배 중 부력이 더 큰 것은 무얼까?"

"엇, 잘 모르겠는데?"

투니와 친구들이 문제를 읽으며 어리둥절해하자 무어카 군단이 깔깔거리며 비웃었다.

"그럴 줄 알았지. 너희가 정답을 알 리가 없지. 이제 10초 후면 폭탄이 터지고 너희는 상어 밥이 될 것이다. 우하하하!"

해파리들은 더욱 세차게 달라붙으며 노를 빼앗아 갈 듯이 덤볐다.

무어카 군단의 공격에 투니는 기우뚱기우뚱 위태로웠다. 낙타들은 물에 빠질까 봐 오들오들 떨었다.

"정답, 큰 배!"

마루의 우렁찬 목소리와 함께 말풍선 폭탄은 바람 빠지는 소리를 내며 멀리 날아갔다.

"아니, 어떻게 정답을 알았지!"

무어카 군단과 해파리들은 첫 번째 공격에 실패하자 어디론가 빠르게 사라졌다.

순식간에 일어난 일에 다들 어안이 벙벙했다.

"와, 이겼다!"

루이가 안도의 숨을 쉬며 마루에게 물었다.

"휴, 다행이다. 오빠, 어떻게 맞혔어?"

마루가 윙크하며 어깨를 으쓱했다.

"아까 내가 큰 배가 좋겠다고 했잖아. 히히."

마루의 너스레에 뾰로통했던 루이도 웃음이 나왔다. 그 모습을 본 미로와 낙타들도 한바탕 깔깔거리며 웃었다.

투니 팀은 두 번째 지점에서 커다란 상어의 무시무시한 이빨 공격을 간신히 따돌리고 마지막 세 번째 지점으로 들어섰다. 바람 한 점 불지 않는 고요한 수면 한가운데에 범고래가 조용히 잠을 자고 있었다.

미로가 집게손가락을 입으로 가져가며 말했다.

129

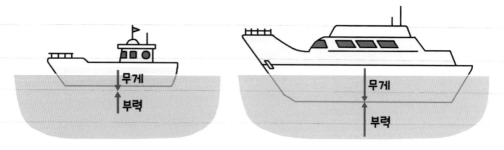

물에 닿는 면적이 넓어지면 부력이 커진다.

"쉿, 조용히 지나가는 게 좋겠어."

무어카 군단은 보이지 않았다. 새넌 팀도 범고래의 공격을 이겨
내고 지나갔는지 보이지 않았다. 투니 팀은 마지막 지점을 그리 어
렵지 않게 지나갈 수 있을 것 같아 마음이 놓였다.

가능한 범고래를 깨우지 않고 얼른 지나가는 것이 좋을 것 같았
다. 모두들 숨을 죽이고 노를 저었다.

"어, 엇. 이런!"

범고래 옆을 지나는 순간 맨 뒤에 앉은 발바닥두꺼워의 노가 범
고래의 지느러미를 살짝 건드렸다.

범고래가 천천히 눈을 뜨고 투니를 바라보았다. 범고래는 서서
히 움직이다가 갑자기 꼬리를 들어 올리더니 수면으로 내리쳐 커
다란 물살을 일으켰다.

갑작스런 공격에 투니가 기우뚱거렸다. 투니는 기울지 않고 균

경우의 누로 레이닝에서 이겨라

형을 잡으려고 안간힘을 썼다.

"으악! 살려 줘!"

낙타들이 소리를 지르자 어디선가 무어카 군단이 나타났다.

"우하하하! 이번 공격은 막아 낼 수 없을 걸?"

또다시 커다란 말풍선 폭탄이 다가왔다.

마루가 침착하게 문제를 읽었다.

"나무가 물에 뜨는 이유는 무얼까?"

말풍선 폭탄이 금방이라도 터질 것처럼 빠르게 깜빡였다.

눈썹이길어가 놀라서 소리를 지르며 재촉했다.

"애들아, 정답이 뭐야?"

미로가 기억을 더듬었다.

"잠깐, 아까 모르니 박사님이 뭐라고 하셨지?"

"물고기가 어쩌고저쩌고 하셨던 것 같은데…….."

"글쎄, 전혀 모르겠어."

다들 모르니 박사의 설명을 잘 들을 걸 그랬다며 후회하고 있는 찰나, 마루가 기억을 떠올렸다.

"아, 부력!"

그러나 정답을 외침과 동시에 말풍선 폭탄이 펑 하고 터졌다. 큰 소리에 놀란 범고래가 다시 한번 꼬리를 높게 들어 올리더니 수면을 탁 내리쳤다.

순간 배가 하늘로 붕 떠올랐다가 물속으로 곤두박질치며 가라앉기 시작했다.

"으악, 낙타 살려!"

"물에 빠지기 싫어, 살려 줘!"

낙타들의 외침에 미로가 투니에게 급하게 물었다.

"투니야, 아까 박사님이 낙타들을 위해 주신 비밀 선물이 뭐야?"

투니가 소리쳤다.

"위급 상황에 쓰라고 주신 버튼이 있어. SUB 버튼을 눌러 봐!"

미로가 재빨리 버튼을 눌렀다. 그러자 투니가 풍선처럼 부푸는가 싶더니 다들 그 속으로 들어갔다.

마구 흔들리던 투니가 잠잠해지자 낙타들이 정신을 차렸다.

"휴, 죽는 줄 알았어."

"어떻게 된 거야?"

잠수함으로 변한 투니 속에서 미로가 물 밖을 바라보며 말했다.

"박사님이 주신 비밀 선물이 잠수함 변신 아이템이었나 봐."

투니는 물속에서 빠르게 앞으로 나아갔다.

"그런데 우리 이긴 거야, 진거야?"

"여기 SKY라고 적힌 버튼이 생긴 걸 보니까 우리가 이긴 것 같아."

"와, 진짜?"

"새넌 팀은 모르니 군단의 공격에 당했나 보네."

경우의 누로 레이싱에서 이겨라

"다행이다. 우리가 이겼구나!"

다들 서로를 얼싸안고 기뻐했다.

배는 어떤 힘으로 물 위에 뜨는 걸까?

① 중력   ② 양력   ③ 항력   ④ 추력   ⑤ 부력

133

하늘에도 길이 있다?

바다 레이스가 끝나고 총 네 팀이 준결승에 올라왔다. 이번 레이스는 출발 지점에서 지구를 한 바퀴 돌고서, 다시 출발 지점으로 오는 하늘 레이스였다. 바다 레이스와 마찬가지로 정해진 세 지점인 서울, 로스앤젤레스, 시드니를 반드시 거쳐야 했다.

이번 레이스에 대한 설명을 듣고 루이가 깜짝 놀라며 말했다.

"지구를 한 바퀴 돈다고?"

눈썹이길어가 긴 눈썹을 깜빡이며 말했다.

"자동차로?"

마루가 한숨을 쉬며 말했다.

"자동차로 지구를 한 바퀴 돌 수는 없어."

발바닥두꺼워가 심드렁하게 물었다.

"왜?"

"그건……."

마루가 우물쭈물하자 미로가 끼어들었다.

"지구에 있는 여섯 개의 대륙이 땅으로 연결되어 있지 않기 때문
이지."

발바닥두꺼워는 여전히 무표정한 얼굴로 말했다.

"그래서?"

"여섯 대륙 사이에 큰 바다 다섯 개가 있어."

미로의 말에 마루는 지난번 사회 시간에 배운 기억이 떠올랐다.

"미로 말이 맞아. 아시아, 아프리카, 유럽은 태평양을 사이에 두
고 아메리카와 아주 멀리 떨어져 있어. 특히 오세아니아는 태평양
한가운데 있지."

마루의 말을 듣고 미로는 얼른 지도를 살펴보며 말했다.

"그러고 보니 서울은 아시아, 로스앤젤레스는 아메리카, 시드니
는 오세아니아에 있네."

둘의 이야기 듣던 발바닥두꺼워는 별일 아니라는 듯이 한마디
덧붙였다.

"그럼 바다를 건너면 되잖아."

그 모습을 지켜보던 루이도 빙그레 웃으며 말했다.

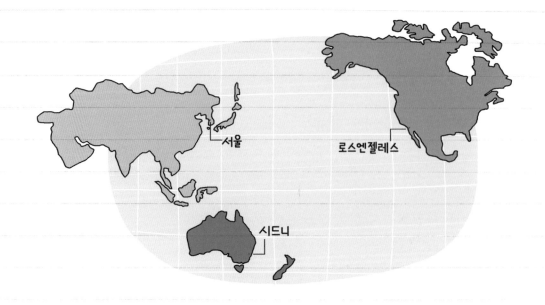

"그러네, 배로 변신해서 바다를 건너면 되겠네!"

눈썹이길어가 목을 쭉 내밀었다.

"우와, 그럼 투니가 또 배로 변신하는 거야?"

옆에 있던 긴다리멋져가 물었다.

"배로 지구 한 바퀴를 도는 건 시간이 너무 오래 걸리지 않을까?"

그 말에 다들 서로를 쳐다보며 눈만 깜빡거렸다.

그때 투니가 SKY 버튼을 깜빡이며 자신만만한 표정을 지었다.

"걱정 마. 우리에겐 SKY 버튼이 있잖아."

"SKY? 하늘을 말하는 거야?"

"오, 날아갈 수 있어?"

경우의 누로 레이싱에서 이겨라

다들 깜짝 놀란 것 같았다.

마지막으로 마루가 의미심장한 미소를 지으며 물었다.

"투니야, 너 비행기로도 변신할 수 있어?"

다른 친구들도 기대에 찬 눈빛으로 투니의 대답을 기다렸다.

투니가 자랑스럽게 말했다.

"빙고! 바다 레이스에서 SKY 버튼을 얻었잖아."

긴다리멋져는 신이 나서 긴 다리를 춤추듯 흔들어 댔다.

"야호! 이번에는 하늘을 날다니. 낙타 평생 처음이야."

눈썹이길어와 루이도 손뼉을 치며 좋아했다.

"그런데 한 가지 문제가 있어?"

"문제?"

순간 모두가 멈칫하며 투니의 말에 집중했다.

"지난번에도 바다 레이스까진 가서 배로 변신하는 건 걱정이 없었는데, 비행기 변신은 처음 도전하는 거야."

"정말?"

마루가 걱정스러운 표정으로 미로를 바라보았다. 하지만 미로는 별 걱정이 없는 표정이었다.

"걱정 마. 우리에겐 모르니 박사님이 계시잖아. 얼른 정비소에 가서 비행기에 대해 알아보자."

"맞아, 모르니 박사님은 모르는 게 없으니 우릴 도와주실 거야."

투니 팀은 얼른 모르니 박사에게로 갔다.

"박사님, 저희 왔어요."

"그래 이번에도 이겼구나. 축하해."

"뭐 하고 계셨어요?"

"다음 경기에 무엇이 필요할지 오르니톱터를 보며 연구하고 있었지."

"오르니톱터요?"

미로가 무심코 뱉은 말에 모두의 눈이 휘둥그레졌다. 또다시 모르니 박사의 긴 설명이 이어질 것 같았기 때문이다.

"너희 오르니톱터를 모르니?"

예상대로 모르니 박사는 헛기침을 하며 목을 가다듬은 후 설명을 시작했다.

"흠흠, 오르니톱터는 옛날 사람들이 새가 나는 모습을 보고 구상해 낸 장치란다. 인간도 새처럼 날 수 있기를 바라며 만들어 냈지. 하늘을 나는 건 땅이나 바다에서 나아가는 것과는 차원이 달라. 여길 좀 보렴."

"어, 라이트 형제죠?"

마루가 알은체를 하자 미로

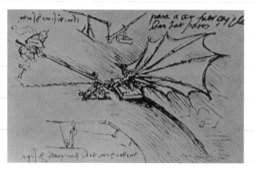

레오나르도 다빈치가 그린 오르니톱터

경우의 누로 레이닝에너 이겨라

도 거들었다.

"라이트 형제가 세계 최초의 동력 비행기를 만들었잖아요. 비록 오래 날지는 못했지만 많은 사람에게 인간도 하늘을 날 수 있다는 큰 꿈을 주었죠."

마루와 미로의 말에 모르니 박사의 표정이 밝아졌다.

"대단한데! 내가 더 설명하지 않아도 되겠어."

루이와 낙타들은 더 이상 지루한 설명을 듣지 않아도 된다는 말에 안도했다.

"박사님, 투니는 어떤 비행기로 변신하는 거예요?"

라이트 형제가 만든 세계 최초의 동력 비행기

139

"글쎄다. 한번 살펴보자고. 이리 오렴."

투니와 친구들은 모르니 박사를 따라 커다란 창고로 들어갔다.

"자, 여기가 내 연구실이란다."

"와, 신기한 기계들이 많네요."

창고 안에는 처음 보는 물건들이 어찌나 많은지 다들 눈이 휘둥그레졌다.

"자, 여길 보렴."

"와, 비행기다!"

창고 한쪽에는 다양한 종류의 비행기가 가득했다.

"박사님, 여기 있는 비행기도 모두 멋있지만 이번 경기에서 이기려면 일단 아주 빨라야 할 것 같아요. 투니를 제일 빠른 비행기로 변신시켜 주세요."

미로는 이번 대회에서 꼭 우승을 하고 싶어 마음이 조급해졌다.

"이번 레이스에는 최대 속도가 정해져 있다는 거 알고 있지?"

미로는 깜빡 잊고 있던 사실을 깨닫고 풀이 죽었다. 이어서 걱정이 꼬리를 물며 떠올랐다.

'지구를 한 바퀴 돌려면 연료가 충분해야 하고, 무어카 군단의 레이더에도 걸리지 않아야 해.'

옆에 있던 마루가 고민하고 있는 미로를 보고는 어깨를 툭 쳤다.

"미로야, 무슨 생각해?"

"응, 별일 아니야."

"뭘 그렇게 심각하게 생각해."

"자꾸 작년에 졌던 게 생각나서 그래. 특히, 무어카 군단이 어떤 방해를 할지 그게 걱정돼."

"걱정 마, 이번엔 내가 있잖아."

"그래, 마루야. 네가 있어서 든든하네."

다들 투니의 변신을 기다리고 있었다. 드디어 변신을 마치고 투니가 멋진 모습으로 나타났다.

"얘들아, 너희 길은 잘 알고 있는 거지?"

모르니 박사의 질문에 이번에는 마루가 깜짝 놀라 물었다.

"길이요? 하늘에 무슨 길이 있어요?"

마루의 질문에 다들 모르니 박사를 쳐다보았다.

"하늘길을 모르니?"

역시나 모르니 박사는 또 한 번 헛기침을 하며 설명을 시작했다.

루이와 낙타들은 포기하고 벌써 자리를 잡고 앉았다.

발바닥두꺼워가 하늘을 올려다보며 투덜거렸다.

"하늘에는 구름밖에 안 보이는데 길이라니?"

"우리 눈에 보이는 길은 아니지만 비행기가 다니는 길이 있단다."

"정말요?"

"하늘에 있는 비행기들이 서로 부딪힐 수도 있기 때문이지. 너희

지난번에 받은 지도 가지고 있지?"

"네, 있어요."

미로가 가방을 뒤적이며 지도를 찾았다.

"한번 펼쳐보렴. 가로 선과 세로 선이 보이니?"

유심히 살펴보니 눈에 띄지 않던 가로 선과 세로 선이 보였다.

"그게 바로 위도와 경도란다."

마루가 지도를 살피며 물었다.

"위도와 경도가 비행기가 다니는 길이예요?"

"아, 그건 아니고. 위도와 경도로 이루어진 좌표들을 선으로 연결하면 비행기가 다니는 길인 항로가 된단다. 자, 여길 보렴."

모르니 박사가 커다란 모니터를 켜자 수많은 선이 화면 가득 나타났다.

"저 선들이 바로 비행기가 다니는 길인 항로란다."

마루는 모니터 화면에 나타난 수많은 항로를 보며 깜짝 놀랐다.

경우의 누로 레이싱에서 이겨라

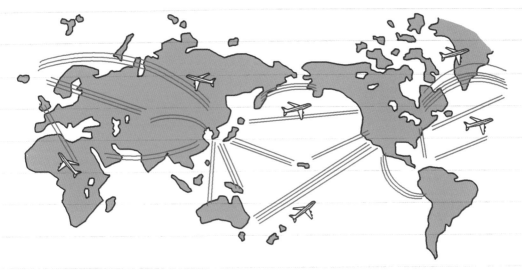

하늘에는 비행기가 다니는 길인 항로가 있다.

"와, 저게 다 하늘 길이예요? 도로만큼 복잡하네요."

미로는 이번 레이스에서 세 지점을 반드시 거쳐야 한다는 말이 떠올랐다.

"항로가 이렇게 복잡한 줄 몰랐어요. 목적지마다 위도와 경도를 찾아서 가야 하는 건가요?"

모르니 박사가 의미심장한 미소를 지으며 친구들에게 되물었다.

"그렇게 찾을 시간이 있을까?"

마루의 말에 눈썹이길어가 울상을 지으며 벌떡 일어났다.

"아이고 항로 찾다가 하늘에서 길 잃어버리겠다."

루이도 걱정이 되는지 울상을 지었다.

"하늘에서 길을 잃어버리면 집에 다시는 못 오는 거야?"

"걱정 마렴, 투니한테 항로를 잘 찾아갈 수 있도록 GPS와 비행기에 필요한 ★항법장치를 설치해 두었단다."

★ 항법장치
비행기가 목적지까지 올바르게 갈 수 있도록 유도하는 장치.

긴다리멋져가 박수를 치며 좋아했다.

"와, 역시 모르니 박사님 최고!"

덩달아 미로의 얼굴도 밝아졌다.

"이제 우승은 걱정 없네. 그럼 어디를 먼저 갈까?"

마루가 연필로 뭔가를 계산하더니 친구들에게 말했다.

"서울을 먼저 가고, 로스앤젤레스를 갔다가, 시드니 거쳐 돌아오는 건 어때?"

"투니야, 서울에서 로스앤젤레스로 가는 길을 좀 알려 줘."

투니는 모니터 화면에 지도를 띄웠다.

"어? 길이 두 개네?"

루이가 모니터를 보며 말했다.

"아래쪽 길이 더 빠르겠네. 직선이잖아."

"우리는 위쪽 길, 활처럼 휘어진 길로 갈 거야. 그게 더 빨라."

조종실에 있는 항법장치는 비행기가 목적지까지 올바르게 갈 수 있도록 도와준다.

경우의 누로 레이싱에서 이겨라

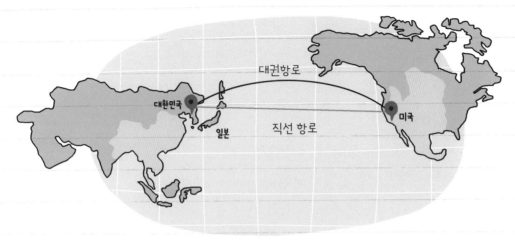

직선 항로보다 대권항로가 더 빠른 길이다.

"그게 무슨 말이야, 곡선이 더 짧다고?"

"투니야, 너 계산을 잘못한 거 아니니?"

마루와 미로가 번갈아 가며 따졌다.

"지도에서는 직선이 가까운 것처럼 보이지만, 실제로 지구는 둥글기 때문에 휘어진 길로 가야 더 빨리 갈 수 있어. 모르니 박사님께서 이걸 대권항로라며 알려 주셨거든."

★ **대권항로**
지구에서 두 지점을 가장 짧게 연결하는 길.

미로는 처음엔 어리둥절했지만 투니의 말을 듣고 보니 뭔가 떠오르는 게 있었다.

"아! 생각났어. 지구본이 했던 말이지? 대권항로!"

미로는 본격적인 레이스가 시작되기 전 아이템을 고를 때 지구

145

본이 자기 자랑을 하며 했던 말이 떠올랐다.

"아, 맞다. 지구는 둥그니까 지도에서 직선이 꼭 짧은 길이라고
는 할 수 없다고 했지. 가장 빠른 길을 찾으려면 대권항로를 찾으
라고 했어."

마루도 이제야 생각이 난 것 같았다.

"아, 대권항로가 하늘길이구나."

루이도 두 오빠의 말을 듣고는 나름대로 이해가 된 듯했다.

발바닥두꺼워가 심드렁하게 물었다.

"음, 그건 그렇고 대권항로로 가면 얼마나 걸려?"

"최고 속도로 가면 약 열 시간 정도네."

어떤 길로 가야 할지 의견을 나누고 있는데, 곧 레이스가 시작되
니 참가 팀들은 출발선으로 오라는 안내 방송이 나왔다.

출발 신호와 함께 네 팀의 비행기는 큰 굉음을 내면서 이륙했다.

미로가 손에 잔뜩 힘을 주었다.

"오케이, 시작이다!"

이륙할 때 비행기가 잠시 덜컹거리자 낙타들은 안절부절못했다.

"아유 무서워. 왜 이렇게 흔들리는 거야"

"아이고 어떡하지!"

비행기는 순조롭게 이륙했고 어느새 하늘을 날고 있었다. 창밖
에는 구름이 솜털처럼 펼쳐져 있었다.

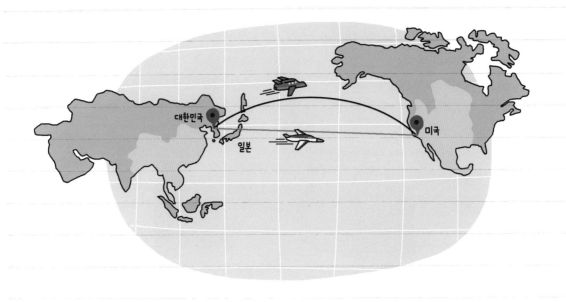

"마루야, 다른 팀들이 어느 쪽으로 가는지 보여?"

"글쎄? 창밖으로는 안 보이는데…….'"

투니가 모니터 화면에 지도를 띄우자 각 팀의 항로가 보였다.

"새턴 팀이 우리랑 같은 코스로 가나 봐."

마루가 화면을 보며 말하는 사이 새턴 팀의 항로가 조금 달라졌다.

"어? 그런데 다른 항로로 가는데?"

자세히 살펴보니 새턴 팀의 비행기는 직선 항로를 따라 가고 있었다.

마루는 안심하며 웃었다.

"걱정 마. 우리가 더 빠른 길이야. 히히."

대기가 불안정할 때 생기는 우박

구름이 있는 하늘은 고도가 높아서 기온이 낮다. 구름 속 얼음 알갱이는 땅으로 떨어지면서 녹아 비가 되는데, 땅의 기온이 낮으면 녹지 못하고 눈이 된다. 대기가 불안정하면 구름 속 알갱이가 땅으로 떨어지다가 다시 하늘로 올라가 얼어붙는다. 이런 과정을 몇 차례 거치면 점점 커지다가 얼음 덩어리인 우박이 되어 떨어진다.

하늘에서 떨어진 우박

갑자기 창밖에 먹구름이 가득했다. 밖이 캄캄해지고 한 치 앞도 보이지 않았다. 비행기도 마구 흔들리기 시작했다.

눈썹이길어가 놀라며 외쳤다.

"무슨 일이야?"

비행기가 흔들리면서 우박 떨어지는 소리가 시끄럽게 들렸다.

투둑투둑.

꽝꽝꽝.

경우의 누로 레이닝에서 이겨라

긴다리멋져와 루이가 손을 꼭 잡고 벌벌 떨었다.

"으악, 이게 뭐야!"

투니가 주위를 두리번거리며 말했다.

"무어카 군단의 공격이 시작됐나 봐."

발바닥두꺼워는 창밖을 살펴보며 투덜댔다.

"어쩐지 아무 일도 없어서 이상하다 했어. 올 때가 됐지."

"모두 몸을 숙여!"

비행기가 점점 더 크게 흔들리고 비바람이 거세게 휘몰아쳤다.

루이는 겁을 먹었는지 울음을 터트렸다.

"엄마! 으앙!"

마루가 루이를 다독이며 말했다.

"괜찮아, 루이야."

미로가 차분하게 투니를 불렀다.

"투니, 견딜 수 있겠어?"

"응, 해 봐야지."

투니는 안간힘을 쓰며 비바람을 온몸으로 맞았다.

"푸하하, 용케 견디고 있구나."

드디어 무어카 군단의 목소리가 들렸다.

"알고 있지? 이번 문제를 못 맞히면 추락하는 거다. 하, 하, 하."

무어카 군단의 웃음소리가 끝나기도 전에 커다란 먹구름이 나타났다. 먹구름은 우르릉 쾅 하는 소리를 요란하게 울리며 점점 투니에게로 다가왔다.

"오빠, 저기 구름에 뭐가 쓰여 있어!"

"구름이 생기는 이유는 무얼까?"

마루는 한가롭게 떠 있던 수많은 구름이 생각났다.

"잠깐, 지난번에 학교에서 배웠는데 생각이 날 듯 말 듯 해."

루이가 마루를 재촉했다.

"오빠, 얼른! 시간이 없어!"

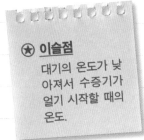

★ **이슬점**
대기의 온도가 낮아져서 수증기가 얼기 시작할 때의 온도.

"아! 공기가 하늘 위로 올라가면 온도가 점점 낮아지는데, 이때 공기 중에 있던 수증기가 작은 물방울이 되거나 ★ 이슬점에 도달해 얼음 알갱이가 되지. 이것들이 서로 뭉치면 구름이 된다!"

마루가 정답을 크게 외치자 무섭게 다가오던 먹구름이 순식간에 사라졌다.

"휴, 수업 시간에 열심히 듣길 잘했다."

마루와 친구들은 안도의 한숨을 쉬었다.

서울과 로스앤젤레스를 지나 투니는 어느덧 시드니로 향하고 있었다.

발바닥두꺼워가 목을 앞으로 쭉 빼며 투덜거렸다.

"야호, 시드니만 지나서 돌아가면 우리는 결승으로 가는 거야!"

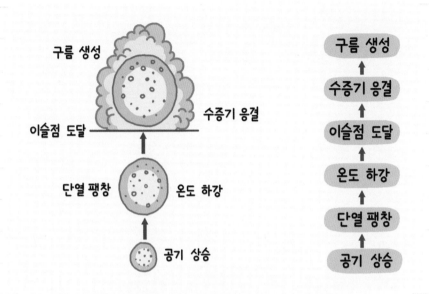

공기가 하늘로 올라가며 여러 과정을 거치면 구름이 된다.

투니가 이상한 신호를 감지했다.

"어, 이건 뭐지?"

발바닥두꺼워가 목을 앞으로 쭉 빼며 투덜거렸다.

"뭐야, 또 무어카 군단이야?"

뚜, 뚜, 뚜, 뚜우, 뚜우, 뚜우, 뚜, 뚜, 뚜.

"무슨 신호 같은데? 잘 들어 봐. 같은 패턴의 소리가 계속 반복되고 있어."

마루의 말에 다들 귀를 쫑긋 세우고 숨죽이며 집중했다.

"모스부호야! SOS? 누군가 구해 달라는 신호를 보내고 있어."

미로의 말에 루이가 감탄했다.

"와, 미로 오빠는 모르는 게 없네!"

긴급 구조 신호는 계속 오고 있었다. 신호가 점점 다급하게 반복
됐다.

다들 어쩔 줄 몰라 서로의 얼굴만 처다보았다.

"어쩌지?"

모스부호

모스부호는 짧은 발신 전류(·)와 긴 발신 전류(–)를 조합해 문자나 숫자
를 나타내는 전신 부호다. 전화기가 없던 시절에는 멀리 있는 사람에게 소
식을 전하려면 사람이 직접 가서 전해야 했다. 미국의 발명가 새뮤얼 모스
가 1837년에 전신기를 발명하고 모스부호를 만들면서 이러한 불편이 없
어지고 빠르게 소식을 전할 수 있게 됐다.

모스부호를 보낼 수 있는 전신기

경우의 누로 레이닝에너 이겨라

발바닥두꺼워가 눈을 가늘게 뜨며 말했다.

"혹시 함정이 아닐까?"

"함정?"

마루도 발바닥두꺼워의 말에 동의했다.

"그래, 무어카 군단의 함정일지도 몰라."

미로가 고개를 저으며 단호하게 말했다.

"그렇지만 살려 달라는 구조 신호를 무시할 수는 없어."

"그래, 우선 구하러 가자."

미로가 답신을 보내고, 투니는 신호가 들려오는 쪽으로 나아갔다.

"으악!"

신호를 보내자마자 갑자기 무어카 군단이 하나둘 나타나는가 싶더니 구름 속으로 빨려 들어갔다.

투니 팀은 깜짝 놀라 구름 속으로 빨려 들어가는 무어카 군단을 멍하니 바라보았다.

"갑자기 무슨 일이지?"

"아까 그 신호 함정이었나 봐."

눈썹이길어가 눈을 깜빡거리며 고개를 흔들었다.

"어떻게 된 일이래?"

"미로야, 너 뭐라고 답신을 보낸 거야?"

미로는 어리둥절해 하며 마루를 쳐다보았다.

153

"난 알겠다는 뜻으로 OK라고 보냈는데……."

미로의 말을 듣고 투니가 갑자기 웃기 시작했다.

"투니야, 왜 그래?"

"미로야, 네가 보낸 답신은 OK가 아니라 KO였어. 잘못 보냈다고 말하려는 참이었는데."

"아, 무어카 군단의 SOS 함정에 녹아웃 뜻하는 KO를 보낸 거구나. 히히히."

"우리가 무어카 군단을 KO시킨거네!"

마루와 루이도 배꼽을 잡고 깔깔 웃었다.

투니 팀은 서울, 로스앤젤레스, 시드니를 거쳐 하늘 레이스를 무사히 마쳤다. 간발의 차로 상대 팀보다 앞서 들어온 덕에 결승에 오를 수 있었다.

투니의 계기판에 SP 버튼이 생겼다.

"와우, 새로운 버튼이 생겼어."

퀴즈 6

비행기가 다니는 하늘길을 뜻하는 말은 무엇일까?

① 항로 ② 도로 ③ 수로 ④ 고속도로 ⑤ 전용도로

경우의 누로 레이싱에서 이겨라

태양계 행성으로 출발

마지막 결승 경기는 우주 레이스였다. 깃발이 꽂혀 있는 태양계 행성을 먼저 찾는 팀이 최종 우승을 거머쥐는 경기였다.

마루가 흥분하며 말했다.

"야호, 우리가 결승에 올랐어!"

루이와 낙타들도 서로 손뼉을 치며 좋아했다.

미로는 결승전 안내문을 보며 다짐했다.

"이번에는 꼭 이기고야 말겠어."

마루가 미로의 어깨를 두드리며 자신 있게 말했다.

"미로야, 걱정 마. 든든한 우리가 있잖아."

"고마워, 이번에는 꼭 우승해야지!"

155

"아자 아자 파이팅!"

다들 손을 모으고 파이팅을 외치며 승리를 다짐했다.

결승에 오른 상대 팀도 만만치 않아 보였다. 위풍당당하게 서 있는 검은 차를 보며 투니가 멍하니 있었다.

그 모습을 보고 발바닥두꺼워가 말을 걸었다.

"투니야, 겁먹은 거야?"

긴다리멋져가 투니를 툭툭 치며 격려했다.

"그럴 리가. 우리 투니가 얼마나 멋진데!"

경우의 누로 레이싱에서 이겨라

"고마워. 결승전이라 살짝 긴장되네."

눈썹이길어가 미소를 지으며 말했다.

"걱정 마, 우리가 있잖아!"

"투니, 경기 전에 모르니 박사님을 만나는 건 어때?"

"우리가 결승에 오른 건 알고 계실까?"

"분명히 우리를 기다리고 계실걸."

투니 팀은 모르니 박사의 정비소를 향해 움직였다.

"어, 저기 박사님이다!"

정비소 앞에서 모르니 박사가 손을 흔들며 투니 팀을 맞았다.

"얘들아, 어서 오렴. 결승에 오른 걸 축하한다."

"저희가 올 줄 알고 계셨어요?"

"물론이지. 내 특별 아이템을 받았으니 이기는 건 당연한 거지. 하하하."

모르니 박사가 어깨에 힘을 주며 장난스러운 표정을 지어 보였다.

루이가 박사님 옆으로 쪼르르 달려오며 말했다.

"맞아요, 박사님께서 주신 특별 아이템 덕분이에요."

낙타들도 루이의 말이 맞는다며 호응해 주었다.

"박사님이 아니었다면 큰일 났을 거예요."

기분이 좋아진 모르니 박사가 얼굴에 연신 싱글벙글 웃음을 지었다.

157

기회를 엿보던 마루가 살짝 물었다.

"박사님, 이번에도 저희를 위해 비밀 아이템을 준비해 두셨죠?"

미로도 마루를 거들었다.

"그럼, 당연히 준비하셨을걸!"

"어? 그, 그, 그럼."

모르니 박사는 얼떨결에 대답했다.

"그렇지만 공짜는 없단다. 자, 정비소로 들어가 볼까?"

모르니 박사는 얼른 투니 팀과 함께 정비소로 들어갔다.

"이번 결승 레이스는 고난도 코스란다. 태양계 행성 중에서 깃발이 꽂혀 있는 곳을 찾아야 하지.

"거기다가 무어카 군단의 방해까지 피해야 해서 걱정돼요."

미로의 말에 다들 표정이 심각해졌다.

"그렇지만 희망이 없는 건 아니지."

"그래요?"

낙타들이 눈을 동그랗게 뜨고 모르니 박사를 쳐다보았다.

"일단 문제에서 힌트를 찾을 수 있다는 거!"

"문제에서요?"

마루가 문제를 다시 한번 읽어 보았다.

"깃발이 꽂혀 있는 태양계 행성을 찾으면 됩니다. 먼저 찾는 팀이 이번 대회의 우승 팀입니다."

"그래, 깃발이 꽂혀 있는 태양계 행성! 바로 이 문장이 힌트란다."

발바닥두꺼워가 물었다.

"태양계 행성이 뭐예요?"

"태양계 행성은 태양 주위를 도는 행성을 말해. 이 행성들은 항성인 태양처럼 스스로 빛을 내지는 못하지."

"그럼, 태양계 밖에도 행성이 있나요?"

"물론 태양계 밖에도 행성이 존재해."

루이가 책에서 본 기억을 떠올리며 말했다.

"박사님, 태양계 행성은 수성, 금성, 지구, 화성, 목성, 토성, 천왕성, 해왕성 총 여덟 개죠?"

"그래, 우리 루이가 잘 알고 있네. 여덟 개의 행성들은 크게 지구

항성, 행성, 위성의 차이점

항성
스스로 빛을 내는 천체를 말한다. 태양계에서는 태양이 항성이다.

행성
항성의 둘레를 도는 천체를 말한다. 태양 주위를 도는 행성으로 수성, 금성, 지구, 화성, 목성, 토성, 천왕성, 해왕성이 있다.

위성
행성의 둘레를 도는 천체를 말한다. 지구 주위를 도는 위성으로 달이 있다.

형 행성과 목성형 행성으로 나눌 수 있어."

"행성을 두 가지로 나눈다고요?"

"그래, 지구형 행성은 수성, 금성, 지구, 화성이 있지. 이 행성들은 크기가 목성형 행성보다 상대적으로 작고 표면이 고체로 되어 있어."

"목성형 행성은요?"

"목성형 행성은 목성, 토성, 천왕성, 해왕성이 있어. 이들은 기체로 이루어져 있고 행성 주위에 고리를 가지고 있지."

"기체로 이루어져 있다고요?"

"응, 그래서 태양계 행성 중에 깃발을 꽂을 수 있는 행성은 지구형 행성이야. 즉 수성, 금성, 지구, 화성 네 개로 압축할 수 있지!"

"와!"

모르니 박사 말에 모두들 감탄했다.

"그럼 여덟 개 중에서 네 개의 행성만 찾아보면 되겠네요."

"아니지, 행성 하나는 줄일 수 있을걸?"

"네?"

"문제에 힌트가 하나 더 있는데……."

마루는 문제를 다시 자세히 읽어 보았다.

갑자기 루이가 폴짝폴짝 뛰며 손을 높이 들었다.

"아, 알겠어요!"

모두들 깜짝 놀라며 루이를 향해 고개를 돌렸다.

경우의 누로 레이닝에너 이겨라

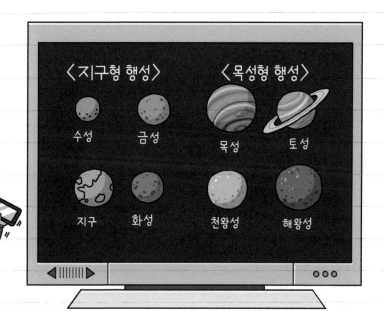

"이번 결승 레이스는 우주여행입니다!"

루이의 말에 다들 어리둥절한 표정을 지었다.

"아이 참, 우주여행이니까 지금 우리가 있는 지구는 제외! 그래
서 총 세 곳만 찾으면 된다는 말씀이지."

짝, 짝, 짝!

모르니 박사가 박수를 치며 루이를 칭찬했다.

"빙고, 루이가 제법인데!"

이제야 알겠다는 듯 낙타들이 고개를 끄덕였다.

"아! 맞네, 맞네."

변신을 마친 투니도 루이 곁으로 달려와 칭찬해 주었다.

"와, 루이 멋지다."

"일단 세 행성에 대해 좀 더 알아보고 떠나는 게 좋겠지?"

모르니 박사가 모니터 화면에 지구형 행성의 사진을 띄우며 한

지구를 제외한 지구형 행성

수성
태양과 가장 가까이 있는 행성. 대기가 희박해서 표면이 운석구덩이로 덮여 있으며, 밤낮의 기온차가 극심하다.

금성
대기가 두꺼운 이산화탄소로 둘러싸여 있어 열이 밖으로 나가지 못해 표면 온도가 높다. 평균 기온이 457℃로 태양계 행성 중 가장 높다.

화성
지구와 비슷하게 기울어져 있어서 계절의 변화가 있다. 표면이 산화철 성분의 붉은색 자갈과 모래로 덮여 있어서 전체적으로 붉게 보인다.

참 동안 설명했다.

"자, 이번 대결의 열쇠를 루이가 찾았으니 선물을 줘야겠구나!"

모르니 박사의 말에 마루가 나서며 물었다.

"이번에 주실 비밀 아이템은 뭐예요?"

"그건 말이지……."

다들 침을 꼴깍 삼키며 모르니 박사의 말에 집중했다.

어느덧 최종 점검을 마치고 지구에서 출발해 우주로 날아갈 시간이 다가왔다.

"출발하기 전에 알아 둬야 할 게 있어. 바로 지구 탈출속도지."

모르니 박사의 말에 다들 어리둥절한 표정을 지었다.

"네? 탈출속도가 뭐예요?"

"역시 모를 줄 알았어."

모르니 박사는 헛기침을 한 번 하고는 설명을 시작했다.

"탈출속도는 어떤 물체가 행성이나 항성의 중력을 이겨 내고 무한히 먼 곳까지 가기 위한 최소한의 속도야. 그러니까……."

설명을 듣기가 지루한지 긴다리멋져가 긴 다리를 쭉 뻗으며 말했다.

"박사님, 투니는 문제없죠?"

모르니 박사가 자신만만하게 말했다.

"그럼, 당연하지! 시스템을 알맞게 세팅해 놓았으니 문제없이 이

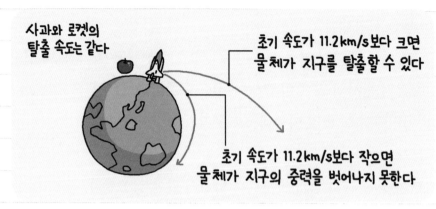

사과와 로켓의
탈출 속도는 같다

초기 속도가 11.2km/s보다 크면
물체가 지구를 탈출할 수 있다

초기 속도가 11.2km/s보다 작으면
물체가 지구의 중력을 벗어나지 못한다

탈출속도보다 빨라야 지구를 벗어나 우주로 갈 수 있다.

류할 거야. 마지막 레이스도 잘 치르고 오렴."

준비를 마친 투니가 엄청난 소리를 내뿜으며 하늘로 높이 올랐다.

속도와 굉음에 친구들이 저마다 소리를 질렀다.

"엄마야!"

"으악!"

한참 정신없이 흔들리던 움직임과 커다란 소리가 잦아들 때쯤
투니가 친구들을 불렀다.

"애들아, 괜찮니?"

"아이고 머리야."

"여기가 어디지?"

모두들 정신을 차리고 주위를 둘러보았다.

"이제 지구 대기권을 벗어났어."

작은 창문으로 밖을 내다보니 새로운 풍경이 펼쳐져 있었다.

우주에서 바라본 지구

"와, 저게 지구야?"

"여기가 우주구나."

파랗게 보이는 지구가 점차 멀어지고 있었다.

마루가 창밖을 두리번거리며 말했다.

"우주가 처음에는 아주 작은 점이 었는데 엄청난 속도로 팽창해서 지금처럼 넓어진 거래."

미로가 고개를 끄덕이며 말했다.

"너무 멋있다. 마루야, 우주가 아직도 넓어지고 있다는 거 알아? 미래의 우주는 지금보다 더 넓은 우주가 될 거야."

다들 우주의 멋진 모습에 한참 정신을 놓고 있자 발바닥두꺼워가 물었다.

"지금 어디로 가고 있는 거야?"

"우선 지구에서 가장 가까운 금성에 가 보려고."

덜컹, 덜컹.

갑자기 투니가 무언가에 부딪히는 소리가 났다.

루이가 겁을 먹고 움찔했다.

"엄마야, 이게 다 뭐지?"

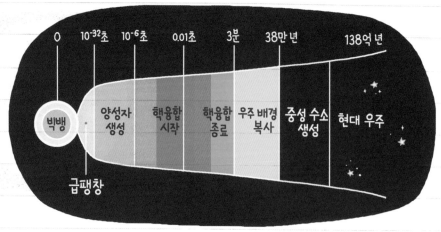

우주는 점점 더 넓어지고 있다.

눈썹이길어가 두려운 듯 두리번거리며 물었다.

"벌써 무어카 군단이 나타난 거야?"

"아니, 우주쓰레기에 부딪혔어."

투니의 말에 마루가 밖을 쳐다보며 물었다.

"우주쓰레기가 뭐야?"

"망가진 인공위성이나 우주선의 파편들이야."

주변에 널린 작은 상자 같은 것들이 둥둥 떠다니며 투니에게 부딪히고 있었다.

미로는 아빠와 달 여행을 갔던 추억이 떠올랐다.

"예전에 달로 여행을 가다가 하마터면 인공위성에 부딪힐 뻔했어. 지구 주변에 인공위성이 무척이나 많아서 이동하기가 쉽지 않

경우의 누로 레이닝에서 이겨라

아. 또 오래된 우주선들이 우주에 마구 버려지고 있어서 큰 문제라 하더라고."

투니는 아슬아슬하게 우주쓰레기들을 피하며 넓은 우주로 나아 갔다.

그때 갑자기 눈앞이 환해졌다.

"우하하하! 여기까지 오다니 대단한걸. 이번에야 말로 내 실력을 보여 주겠다."

"자, 받아라. 별똥별 공격!"

7. 태양계 행성으로 출발

무어카 군단의 말이 떨어지자마자 환하게 반짝이던 별이 투니 쪽으로 빠르게 날아왔다.

발바닥두꺼워가 한숨을 쉬며 투덜댔다.

"드디어 시작이군. 얼른 문제나 찾아보자고."

"저기!"

루이가 별똥별의 꼬리에 있는 문제를 발견했다.

"400km 상공에서 매일 지구를 15.7바퀴씩 돌고 있는 것은 무엇일까?"

"뭐야, 너무 쉬운데. 문제에 함정이 있는 건 아니겠지?"

미로가 주저하자 긴다리멋쟁가 얼른 답을 말하라고 재촉했다.

인공위성의 종류와 역할

인공위성은 지구 둘레를 돌도록 로켓을 이용해 대기권 밖으로 쏘아올린 장치를 말한다. 목적에 따라 통신위성, 기상위성, 항법위성, 과학위성, 군사위성 등 다양한 종류로 갈린다. 주로 우주를 관측하거나 기상 자료 수집하며, GPS를 활용해 교통수단이 안전하게 운행될 수 있도록 돕는다.

최초의 기상위성 타이로스 1호

경우의 누로 레이싱에서 이겨라

"어서 말해. 우주에서 떨어지는 건 상상도 하기 싫어!"

미로가 자신 있게 대답했다.

"국제 우주정거장! 달로 여행갈 때 중간에 쉬었다 간 곳이라 잘 알지."

미로가 정답을 맞히자 별똥별은 순식간에 폭발하며 사라지고 말았다.

투니 팀은 무사히 금성에 도착했지만 금성에는 깃발이 없었다.

"얘들아, 서둘러야 해."

미로는 비너 팀이 먼저 깃발을 찾을까 봐 조급해졌다.

7. 태양계 행성으로 출발

"그래, 얼른 수성으로 가보자."

그러나 수성에도 깃발이 보이지 않았다.

투니와 친구들은 무척 실망했다.

"애들아, 옆을 봐."

투니 옆으로 검은 우주선이 지나갔다.

"어, 비너 팀이다."

국제 우주정거장

국제 우주정거장은 1998년 미국, 러시아 등 세계 각국이 참여해 만든, 연구 시설을 갖춘 다국적 우주정거장이다. 지구 저궤도인 400km 고도에 떠 있으며, 지상에서 맨눈으로도 볼 수 있다. 시속 약 27,000km의 속도로 매일 지구를 15.7바퀴씩 돌고 있다.

국제 우주정거장은 매일 지구를 15.7바퀴씩 돈다.

경우의 누로 레이닝에서 이겨라

비너 팀도 아직 깃발을 찾지 못한 게 분명했다.

"얘들아, 아직 희망이 있어. 화성에 가 보자."

투니는 비너 팀을 따라 속도를 높였다. 투니 팀과 비너 팀은 엎치락뒤치락하며 화성을 향해 나아갔다.

화성에 거의 다 왔다고 생각할 즈음 갑자기 투니가 어딘가에 부딪쳤다

쾅!

"으악!"

"안 돼!"

갑자기 커다란 굉음이 들리면서 투니가 멀리 튕겨져 나갔다. 다들 여기저기 부딪히며 큰 충격을 받고 정신을 잃었다.

투니는 화성에서 점점 멀어지며 암흑 속으로 날아갔다.

"우헤헤헤, 화성에 위성이 있다는 걸 몰랐나 보군. 항상 주변을 잘 살펴야지. 크크크."

무어카 군단은 화성 주변을 돌고 있는 두 위성 포보스와 데이모스 위에 앉아 멀어지는 투니를 바라보았다.

퀴즈 7

태양계에는 많은 행성이 있다. 다음 중 태양계 행성이 아닌 것은 무엇일까?

① 수성　　② 지구　　③ 금성　　④ 화성　　⑤ 달

경우의 누로 레이싱에서 이겨라

에필로그

　며칠 동안 미세먼지로 하늘이 뿌옇더니 오늘은 햇볕이 맑게 내리쬐고 바람도 상쾌했다.

　"애들아, 빨리 와!"

　모처럼 신나게 뛰어놀 마음으로 마루는 한껏 마음이 들떴다. 더군다나 오늘은 친구들과 달리기 시합을 하기로 한 날이었다.

　'이번에는 내가 반드시 이긴다!'

　어젯밤에 마루는 자신이 이길 수 있는 경우의 수를 열심히 계산했다.

　마루는 예상 시나리오를 머릿속에 다시 그려 보았다.

　'이렇게만 된다면 나는 2등이 될 수 있지.'

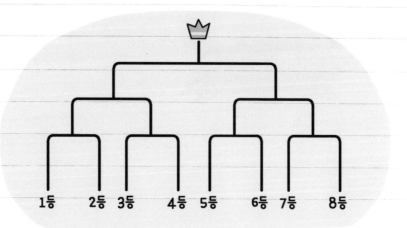

　마루는 자신이 이길 수 있도록 짝을 미리 정해 놓고 친구들을 불렀다. 아무것도 모른 채 신나게 뛰어오는 친구들을 보니 저절로 웃음이 나왔다.

　"얘들아, 오늘 달리기 시합은 토너먼트야."

　"토너먼트?"

　"그래, 여덟 명이 한꺼번에 뛰는 게 아니라 두 명씩 팀을 짜서 뛰는 거야."

　친구들 중에서 달리기를 가장 잘하는 민재가 상관없다는 듯 말했다.

"아무렴 어때, 그렇게 하자."

'역시 내 예상대로야.'

마루는 의미심장한 미소를 지으며 두 명씩 짝을 지었다.

"달리기 등수가 비슷한 친구끼리 짝을 지어서 달리는 게 좋겠지?"

달리기 시합에서 늘 꼴지를 하는 동수가 찬성했다.

"당연하지!"

마루는 미리 짜 놓은 대로 팀을 정했다. 친구들도 비슷한 친구끼리 달리기 시합을 하게 되어 별 불만이 없었다.

"오케이!"

마루는 자신이 계획한 대로 잘 이루어지고 있어서 기분이 좋았다.

'이제 열심히 뛰는 일만 남았어.'

마루는 6등인 경수와 시합을 하게 되었는데 달리기 실력이 비슷해서 긴장됐다.

"출발!"

가장 먼저 7, 8등이 뛰고, 그다음 5, 6등, 3, 4등, 마지막으로 1, 2등이 뛰었다. 마루의 예상대로 첫 번째 경기에서 1, 3, 5, 7등인 친구들이 이겼다.

두 번째 경기에서는 1, 3등이 먼저 뛰고, 5, 7등이 그다음으로 뛰었다. 역시나 1등과 5등이 결승에 진출했다.

결승까지 올라온 마루는 끝까지 최선을 다해 뛰었지만 1등인 민재를 꺾을 수는 없었다. 그렇지만 이번 달리기 시합에서 마루는 2등으로 등극했다.

　6등인 경수가 부러운 듯이 물었다.

"와! 마루야, 너 언제부터 이렇게 잘 달렸냐?"

　다른 친구들도 5등이었던 마루가 2등이 되는 것을 보고 의아하게 생각했다.

"수학 공부를 하다가 달리기도 잘하게 되었다고나 할까?"

경우의 누로 레이닝에너 이겨라

"엥? 뭔 소리야?"

"수학이랑 달리기가 무슨 상관인데?"

"그런 게 있어. 안녕, 나 먼저 간다. 내일 보자."

친구들의 물음에 마루는 웃음을 참지 못하고 낄낄거리며 마구 뛰어갔다.

집으로 돌아온 마루는 콧노래를 부르며 수학 문제를 풀고 있었다.

"우리 아들, 뭘 하는데 이렇게 즐거워?"

마루는 요즘 수학이 게임처럼 느껴져 재미있었다.

"엄마, 나 수학 공부 다 했는데 게임 조금만 해도 될까요?"

"벌써 다했어? 우리 마루가 요즘 수학 공부를 열심히 하는구나. 그럼 잠시 쉬렴. 엄마가 맛있는 핫도그 해 줄게."

"야호! 감사합니다. 어디 보자 레이싱 게임이나 한판 해 볼까?"

마루가 컴퓨터를 켜자 화면이 밝아지면서 메시지창이 나타났다. 씽씽랜드로 초대한다는 메시지를 보고 마루는 가슴이 두근거렸다.

"드디어 미로를 다시 만나는 건가?"

모르니 박사와 세 낙타들도 보고 싶어졌다. 더군다나 지난번에 결승 레이스에서 안타깝게 우승을 놓쳐 아쉬운 마음도 컸다.

"이번에야말로 미로와 함께 우승해야지."

마루는 엔터키를 누르려다가 멈칫하고는 살금살금 루이 방으로 향했다.

에필로그

"루이야, 드디어 왔어."

루이가 깜짝 놀라며 물었다.

"뭐가 왔다는 거야?"

"쉿!"

마루가 루이에게 귓속말로 속삭였다.

"낙타들 보러 갈래?"

루이가 눈을 번쩍 뜨더니 얼른 일어났다.

마루와 루이는 컴퓨터 앞에서 숨을 크게 쉬고 수를 셌다.

"하나, 둘, 셋!"

경우의 누로 레이싱에서 이겨라

둘이서 엔터키를 누름과 동시에 방문이 열렸다.

"마루야, 핫도그……. 어, 어디 갔지?"

마루는 긴 터널을 빙글빙글 돌며 생각했다.

'미로를 만나면 달리기 시합에서 2등을 한 이야기를 해야지.'

퀴즈 정답

③ 히잡

히잡은 이슬람교도 여성들이 얼굴과 신체 일부를 가리는 이슬람 전통의상이다.

① 로켓

로켓은 추진체에서 나오는 작용으로 로켓이 반작용 되어 하늘로 올라간다.

④ 전기자동차   ⑤ 수소자동차

증기자동차, 휘발유 자동차, 경유 자동차는 화석연료를 태워서 에너지를 얻는데 그 과정에서 환경을 오염시키는 물질이 나온다. 반면 전기자동차는 전기를, 수소자동차는 수소를 이용해서 에너지를 얻기 때문에 환경오염 물질이 훨씬 적다.

경우의 누로 레이싱에서 이겨라

 ② 구간 단속

구간 단속을 통해 특정 구간을 안전한 속력으로 이용하도록 유도할 수 있다.

 ⑤ 부력

부력은 물속에 있는 물체가 압력에 의해 중력의 반대 방향(위)으로 뜨게 하는 힘이다.

 ① 항로

비행기 간의 사고를 막고 목적지까지 안전하고 빠르게 가기 위해 하늘에는 비행기기 다니는 길인 항로가 있다.

 ⑤ 달

달은 지구(행성) 주위를 도는 위성이다.

수학·과학 교육의 새로운 패러다임

"지구는 둥근 모양이야!"라고 말한다면 배운 것을 잘 이야기할 수 있는 학생입니다.

"지구가 둥글다는 것을 어떻게 알게 되었나요?"라고 질문한다면, 그리고 그 답을 스스로 생각해 보고 궁금증에 대한 흥미를 느낀다면 생활 주변에서 배우고 성장할 수 있는 학생입니다.

미래 사회는 감성과 창의성으로 학문의 경계를 넘나드는 융합형 인재를 필요로 합니다. 단순히 지식을 주입하는 데 그치지 않고 '왜?'라고 스스로 묻고 찾아볼 수 있어야 합니다.

미국, 영국, 일본, 핀란드를 비롯해 여러 선진국에서 수학과 과학의 융합 교육에 힘쓰고 있습니다. 우리나라에서도 창의 융합형 과학기술 인재 양성을 위해 교육부에서 융합인재교육(STEAM) 정책을 추진하고 있습니다.

융합인재교육은 과학(Science), 기술(Technology), 공학(Engineering), 예술(Arts), 수학(Mathematics)을 실생활에서 자연스럽게 융합하도록 가르칩니다.

〈수학으로 통하는 과학〉 시리즈는 융합인재교육 정책에 맞춰, 학생들이 수학과 과학에 대해 흥미를 갖고 능동적으로 참여하며 스스로 문제를 정의하고 해결할 수 있도록 도와주고 있습니다.

스스로 깨치는 교육! 수학과 과학에 대한 흥미와 이해를 높여 예술 등 타 분야와 연계하고, 이를 실생활에서 직접 활용할 수 있도록 하는 것이 진정으로 살아 있는 교육일 것입니다.

17 수학으로 통하는 과학

경우의 수로
레이싱에서
이겨라

ⓒ 2020 글 서원호, 안소영
ⓒ 2020 그림 김영진

초판 1쇄 인쇄일 2020년 7월 2일
초판 1쇄 발행일 2020년 7월 13일

지은이 서원호, 안소영
그린이 김영진
펴낸이 정은영
편집 김정택, 최성휘, 문진아 **디자인** 권예진, 김혜원
제작 홍동근 **마케팅** 이재욱, 최금순, 오세미, 김하은

펴낸곳 |주|자음과모음
출판등록 2001년 11월 28일 제2001-000259호
주소 04047 서울시 마포구 양화로6길 49
전화 편집부 (02)324-2347, 경영지원부 (02)325-6047
팩스 편집부 (02)324-2348, 경영지원부 (02)2648-1311
이메일 jamoteen@jamobook.com
블로그 blog.naver.com/jamogenius

ISBN 978-89-544-4283-1(44400)
       978-89-544-2826-2(set)

이 도서의 국립중앙도서관 출판시도서목록(CIP)은 서지정보유통지원시스템
홈페이지(http://seoji.nl.go.kr)와 국가자료공동목록시스템(http://www.nl.go.kr/kolisnet)에서
이용하실 수 있습니다.(CIP제어번호: CIP2020026374)